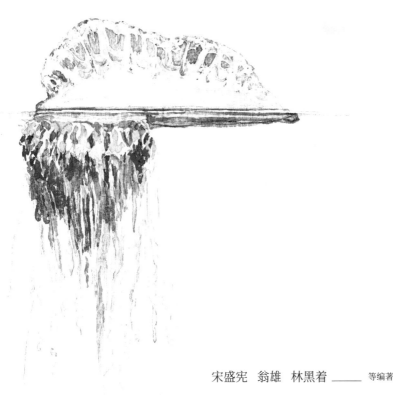

宋盛宪　翁雄　林黑着 ＿＿＿ 等编著

# 南海诸岛
# 海洋生物
# 奇趣

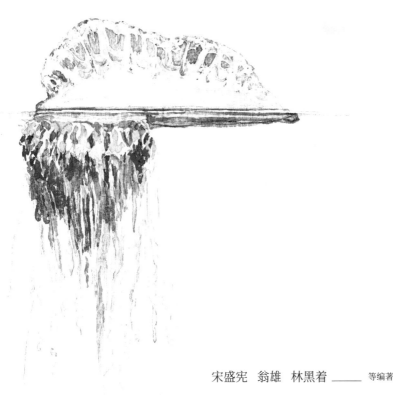

化学工业出版社

·北京·

本书详细介绍我国南海诸岛种类繁多、生态类型多样化的海洋生物知识，包括我国独有的珊瑚礁鱼类、贝类、棘皮动物、爬行动物等奇趣生物，文图配合，内容丰富，以期使读者了解我国南海诸岛海洋生物，培养热爱大自然的情感和探索科学奥秘的兴趣。

**图书在版编目（CIP）数据**

南海诸岛海洋生物奇趣/宋盛宪等编著. —北京：化学工业出版社，2020.3
ISBN 978-7-122-35956-8

Ⅰ.①南…　Ⅱ.①宋…　Ⅲ.①南海诸岛 – 海洋生物 – 介绍　Ⅳ.① Q178.53

中国版本图书馆 CIP 数据核字（2020）第 032474 号

---

责任编辑：刘亚军　　　　　　　　装帧设计：史利平
责任校对：刘　颖

---

出版发行：化学工业出版社
　　　　　（北京市东城区青年湖南街13号　邮政编码100011）
印　　装：北京宝隆世纪印刷有限公司
880mm×1230mm　1/32　印张4　字数114千字
2020年6月北京第1版第1次印刷

---

购书咨询：010-64518888
售后服务：010-64518899
网　　址：http://www.cip.com.cn
凡购买本书，如有缺损质量问题，本社销售中心负责调换。

---

定　　价：39.00元　　　　　　　　版权所有　违者必究

# 本书编写人员名单

宋盛宪　　中国水产科学研究院南海水产研究所　研究员

翁　雄　　中国水产科学研究院南海水产研究所　研究员

林黑着　　中国水产科学研究院南海水产研究所　博士、研究员

庄健隆　　台湾海洋大学　博士、教授

周永灿　　海南大学海洋学院　博士、教授

赖秋明　　海南大学海洋学院　教授

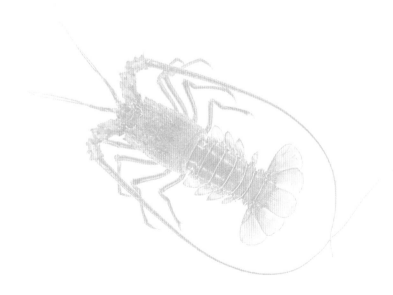

# 序

在我们伟大祖国辽阔浩瀚的南海，碧波如茵，分布着的大量岛屿、沙洲、暗礁和暗滩，像一颗颗闪闪发光的宝石镶嵌其中，这些岛礁就是闻名于世的南海诸岛。南海诸岛分为四个群体，即东沙群岛、西沙群岛、中沙群岛和南沙群岛。这些宝岛自古以来就是我国壮丽河山不可分割的组成部分，也是我国的神圣领土。

南海诸岛素以美丽富饶而著称，这里的海洋生物不仅资源丰富，而且种类繁多，无奇不有。神秘绚烂的海水中，海洋生物的奇美外形、奇特习性、奇趣行为以及它们的奇闻趣事，吸引了无数热爱自然的人去探索。

宋盛宪研究员和林黑着研究员经常撰写有关南海诸岛奇趣海洋生物的科普文章，先后发表于《广东科技》《海洋与渔业》《海洋世界》《南海海洋》等杂志和《羊城晚报》《深圳晚报》《中国海洋报》等报纸，深受读者喜爱。周永灿教授、赖秋明教授经常带领学生到南沙、西沙采集标本，同学们认识了许多珍稀海洋生物，也更加热爱我国南海诸岛和爱护海洋生物。

《南海诸岛海洋生物奇趣》的出版，是作者团队多年的科研和科普工作成果总结。期望本书引领大家开始一段神奇而有趣的海洋生物科学之旅，让更多的人参与到海洋生物的保护和可持续开发的进程中来。

薛华

2020年2月

# 前言

我国南海海域辽阔壮丽，资源丰富，不仅是我国渔民进行捕鱼和各种生产活动的基地，也是我国许多科学研究单位和高等院校、自然博物馆、海洋生物公园采集海洋生物进行考察和研究的重要基地。

2001年9月16日至20日，在武汉大学召开第四届华人鱼虾营养研讨会期间，宋盛宪研究员与庄健隆教授商讨合作编写《南海诸岛海洋生物奇趣》一书的有关事宜，以期帮助大众了解和认识我国南海诸岛的海洋生物。经过十多年的收集与整理，在集美大学水产学院、暨南大学水生生物研究所、国家海洋局第三研究所、中国科学院海洋研究所和南海海洋研究所、中山大学海洋学院的专家支持和鼓励下，并得到诸多热爱海洋生物的朋友的热情帮助，本书得以编写完成并出版，在此一并致以诚挚的感谢！

书中遴选我国南海诸岛及其海域中较有特色的海洋生物，如我国独有的珊瑚礁鱼类、贝类、棘皮动物、爬行动物等，在编写过程中力求科学性、知识性和趣味性相结合。希望通过阅读本书，可以让大家了解海洋生物及其充满奇趣的方方面面，喜爱和保护海洋生物。海洋中还有许多宝贵奇趣的生物，有待我们继续去研究和开发。

鉴于水平有限，书中难免存在不足之处，肯请读者提出宝贵意见，以便改进。

编著者
2020年1月

|个| 鲨鱼（刘正杨 绘）

# 目 录

海火（刘正杨 绘）

# 海火趣谈

在我国辽阔的南海，夜幕降临，远航的船只在海面上徐徐航行，海面波光粼粼，海水里闪耀着如夏夜萤火虫般的奇妙色彩。莫非是萤火虫飞入海水里？不。如果你有兴趣，可以到海边盛一盆海水，用肉眼可以看到水中跳跃游泳的小动物，或许还可以看到一小丝束状的藻类。那些小动物的形体很小，需要借助显微镜才能看清楚它们的形状。它们过着浮游的生活，海洋生物学家给它们起一个名字，统称为浮游生物。

海洋浮游生物有两大类：一类是浮游植物，另一类是浮游动物。浮游植物很小，却遍布各大洋，其数量之多是任何海洋生物都无法比拟的。取一滴海水放在显微镜下，会发现它们形态各异，似"表带"、细长的"大头针"、扁平的"圆盘"……真是五花八门，无奇不有。一滴海水里的生物就使人眼花缭乱，放眼偌大的海洋，根本无法计数。

浮游植物是一群"流浪者"，它们终日随波逐流，四海为家，从无固定的生活场所，大多还是些"隐士"，很少有人见过它们的真面目。它们体形小，构造简单，却是地球上资格相当老的一批低等生物。随着岁月的流逝，它们历尽沧桑变迁，一直生生不息，繁衍至今。在西沙海域里，硅藻从种类和数量上均占优势。蓝绿藻种类虽少，但在西沙群岛海域的表层也占较大的数量，这是因为它们繁殖速度十分惊人，尤其是南海诸岛的阳光给予了它们有利的繁殖条件。

浮游植物是一种自养性生物，与陆地上的植物一样，利用水和二氧化碳，通过光合作用合成有机物质，它们是海洋中有机物的基本生产者。可以说，浮游植物是一切海洋动物的粮食宝库。

浮游动物的组成很复杂，包括的类群多。浮游动物多以浮游植物为生，有的种类摄食其他微小浮游动物或碎屑过活，而它们自身是鱼类、大型游泳动物和海兽的饵料基础。从海洋食物链的相互依赖关系来看，不论是浮游植物还是浮游动物，都有其重要价值。

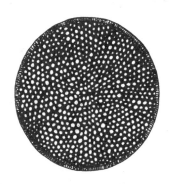

圆筛藻

骨条藻

小环藻

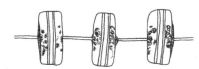

海链藻

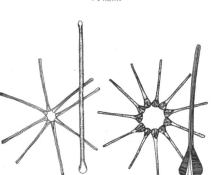

星杆藻

楔形藻

常见硅藻图（集自各家）

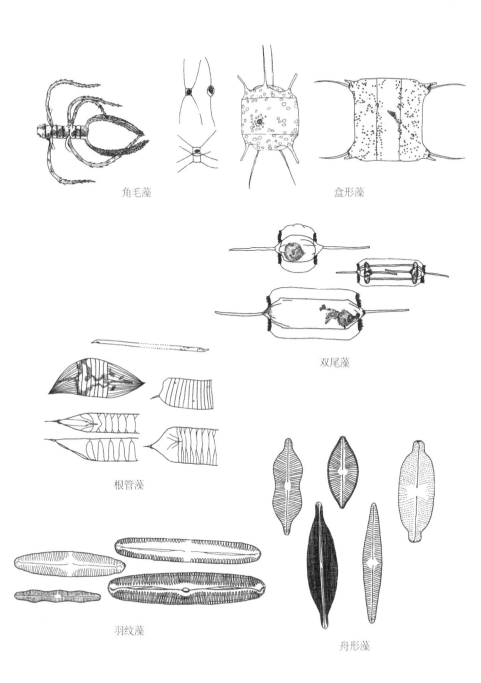

角毛藻　　　　　　　　　　　　　　盒形藻

双尾藻

根管藻

羽纹藻

舟形藻

南海诸岛海域的浮游生物种类繁多。在黑夜，有时可以见到浪花闪闪发光，好像点点灯火，这种海上发光的现象叫"海火"，也有人称其为"磷光"。

海火到底是什么？它是怎样发生的？

## 一、什么是"海火"

所谓"海火"，就是海域中生物发光的现象。一般认为，海洋生物的发光原因大致有两种：一种是发光生物受到外界刺激后，由发光器细胞分泌出一种发光素或发光质排出体外，在水中与游离的氧起作用而发光；另一种是分泌物存于细胞内，受刺激以后，与体内游离的氧起作用而发光。

## 二、海火的类型

（1）火花状海火

这种海火在世界海洋中分布最广，是许多小型或微型生物受到一定的机械或化学刺激，在较短时间内的直接影响所发的光而形成。

（2）乳状海火

或称漫光海火，由细菌所发出的光而形成。

（3）闪光海火

这是大型浮游动物如水母、火体虫等，受到刺激而发出的光。

## 三、海洋发光生物

海洋中，发光生物的种类繁多。

细菌在海洋发光生物中占着重要地位，据报道有50多种发光细菌。除发光细菌之外，原生动物中有很多发光种类，如夜光虫、鼎形虫、铠角虫、等。比较重要的是夜光虫，世界各地都有分布，而且数量大，是海火发生的典型种类。夜光虫的繁殖季节一般在春、夏季，海水在白天呈粉红色，夜晚发出明亮的光。

腔肠动物中有许多发光的水母类。据说，多管水母有黄色发光细胞分布在伞部边缘的环管上；钵水母类的伞盖面、触手以及体表面的斑点和带条都能发光；栉水母不仅成体能发光，发育的卵也能发光。生物发光有强有弱，据称一个瓜水母所发的光可供看书或识别人的面孔，可见它的发光能力相当强。

甲壳动物中有名的发光生物有介形类的海萤和火萤。它们分泌发光液的腺细胞与海水接触能发光，呈现明亮的海火。这类动物烘干保存几年后，用水润湿还会发光。海萤发光呈现出浅蓝色的美丽光彩。

在海火中起较大作用的桡足类、磷虾类、糠虾类、樱虾类等，它们都有发光器官。其中，磷虾的大多数种类具有发光器官和发光能力，无论受到刺激与否均能发光，其发光最亮的器官在眼柄上。据报道，把6只平均体长27毫米的挪威磷虾放在2升水的玻璃桶中，晚上所发的光可供读报。

被囊动物能发光的种类有住囊虫，能强烈地发出淡绿色的光，把住囊剖开时，整个躯干突然间发出明亮的光。海樽类的环纽鳃樽发光最强，甚至白天也能看到。广泛分布在热带和亚热带海域、营群体生活的磷海樽类的火体虫是著名的发光代表，它的发光器呈卵圆形，位于每个个体的咽带上面（鳃腔的两侧），如受到刺激，整个群体就会发出淡青色的光，然后突然全部熄灭；如果刺激过度，已死掉的动物体中，变为发出橙色或甚至红色的光彩。

潜居在浅海泥沙中发光的动物有多毛类。这种动物的发光是由身体的表面分泌一种液体和海水接触时产生。

‖↓‖ 海蚕（白明 摄）

生活在海底的八放珊瑚虫类，如海鳃、海仙人掌，它们分泌的液体和海水接触而发出青白色的光。棘皮动物中的阳遂足和海盘车等种类也有发光现象。

有时，近海面的海火是由深处上升的底栖游动性发光乌贼形成的。早在1834年，法国的学者就观察到大洋性头足类帆乌贼的发光现象，后来德、日、美等国的学者陆续报道，阐明头足类的两种发光类型：细胞内发光（大洋性种类）和细胞外发光（浅海性种类）。

许多发光的鱼类，其发光器多数在头部至体侧部，所发的光是青白色，也有出现美丽的红、黄、绿、紫等色。其中，著名的代表种类为鮟鱇，其头部上方有个肉状突处，似探照灯。深海中有很多鱼有趋光性，大嘴一张一合，小鱼就被吞食了。

以上所述的发光生物中，大多浮游生物的发光现象称为海火，许多底栖动物如海仙人掌和鱼类的发光现象称为磷光。海洋生物发出的光都是冷光，光的颜色以淡蓝色为普遍，在黑暗的夜晚显得更加耀眼。

|→| 鮟鱇（刘正杨 绘）

## 四、海火的生物学意义及与人们的关系

有学者认为，许多生物发光能强能弱，忽明忽暗，像这种明灭无定，可威吓敌方，以便急速逃避，但是还不能肯定地作如此说明。还有人认为，生物发光是要使它自身的周围明亮，然而就发光的位置来推想，觉得疑点太多了。若是说利用光来引诱小动物以便捕食，看鲛鳒一类的发光器就可以肯定，理由也比较充足。有外国学者探讨了头足类帆乌贼的发光对通信、御敌、诱饵和求偶的生态学意义，这样看来，海洋生物的发光在生态方面的意义是复杂的，需要深入研究才能得到解决。

据报道，海火不仅可映出夜间的海景，并且在航运上可为领航员指出重要的目标和地点，但海火对驾驶员和瞭望员带来的不良影响也是比较明显的。当海火十分明亮时，会减低夜间视力的敏锐度，并会转移驾驶员和瞭望员的注意力；如果海火强烈，有时会迷惑或刺激眼睛，使视觉变模糊，给航行造成较大障碍。

海火可以帮助渔民寻找鱼群，因鱼群游动直接撞击水体会刺激发光生物而引起海火。渔民在夜间捕鱼时，根据海火来确定是否有沙丁鱼、鲭鱼和鲱鱼的鱼群存在，并可判断鱼群的大小、密度和深度。一般以浮游生物为食的鱼类如鲱鱼、鲐鱼等，常成群追逐捕食发光的浮游甲壳动物（如桡足类、磷虾类等）。因此，在这些发光的甲壳动物密集区下网，就可以提高渔获量。有时，渔民还利用发光动物作为钓鱼的诱饵。我国沿海渔民对利用渔火来进行捕捞鱼类积累了相当丰富的经验，所以海火有好处也有坏处。

# 固着不动的动物——海绵

海绵属于最低等的多细胞动物。海绵体似稍扁圆球，构造十分简单，体内没有明确的组织，没有器官和系统，无"手"无"脚"，不能主动寻食，更不要谈"走动"，生命活动只能借助流入体内的水来完成。海绵身上长有密密麻麻的小孔，小孔和体内管道相通，水通过小孔进出体内，为海绵带来食物和氧气，同时把废物排出体外。海绵动物大多分布于热带和亚热带海区，一般固着在水中的岩石、贝类和水藻等上。仅少数种类在淡水中生活。

↓↓↓ 蓝海绵（白明 摄）

## 一、海绵的历史

提起海绵，其历史可谓久矣，但是经过了漫长的岁月，到如今的改变很少，算是一类"顽固不化"的动物，既没有产生出任何新的类群，更谈不上有新的进展。海绵在"动物进化系统论"中是一个"盲枝"，也可以说是一个"侧枝"，因此又被称为"侧生动物"。

由于海绵固着不动，过去一直以为它是植物，直到十九世纪，动物学家才确认它属于动物之列。你知道吗？关于海绵究竟是动物还是植物的问题，人们竟整整争论了两千年之久！的确，海绵看起来很不像动物。它浑身布满小孔，有骨针或海绵丝，常年静卧海底，不见它吃，也不见它喝，更看不到它运动，就连它的体色也像花儿一样多彩，有大红、鲜绿、褐黄、棕、乳白以及紫等颜色。因此，古时候的人们深信不疑地将海绵划归植物界。后来，有人说海绵是生活在它的腔隙中的一种动物的分泌物形成的。生物进化论的先驱拉马克也将海绵称为植形动物。最后，由于显微镜在生物学中的应用，以及生理学、胚胎学的发展，终于揭开了海绵的秘密。

## 二、庞大的家族

海绵有一个庞大的家族。海绵的种类有一万种之多，占所有海洋动物种类的十五分之一。

单从外表看，海绵五颜六色，千姿百态：有扁管状群体的白枝海绵，有圆筒形单体的樽海绵，枇杷海绵像一颗圆圆的枇杷，水杯海绵宛如杯盏，矮柏海绵似一串精巧的灯笼，拂子介像一个玻璃纤维球直立于柄上，寄居蟹海绵扁平如薄纸，还有被美称为"维纳斯的花篮"的偕老同穴。

尽管各种海绵的体形千变万化，但仍可归为土墩形和烟囱形两大类。生活在浪大流急环境中的海绵，外形大多像土墩，呈现良好的流线型，使它们能够适应海浪和海流的冲击，免遭被摧毁的厄运。生活在缓流或风平浪静环境里的海绵，体形多像直立的烟囱。这样的身材，当然也是环境赋予它们的。有趣的是，同一种海绵因分布在不同的海洋环境中，会表现出较大的形态差异。这给那些仅靠外形去识别海绵的人带来莫大的烦恼。

白枝海绵

碗海绵

寄居蟹海绵

水杯海绵

真海绵

针海绵

枇杷海绵

蜂海绵

矮柏海绵

偕老同穴

拂子介

|↑| 常见的海绵（集自各家）

## 三、惊人的再生能力

一般来说，低等动物的再生能力都是比较强的。海绵正是这样，甚至可以说，它的再生能力十分惊人。如果把海绵切成一小块一小块的，这不但不会危及它的生命，反而每一块都能独立成活，还能逐渐长大为新的海绵个体。即使把海绵捣碎过筛，再混合起来，在良好的环境条件下，只需几天时间，它们就可以重新组成小海绵个体。动物学家曾做过一个有趣的实验，把黄海绵、橘红海绵分别捣碎，然后浸到水里做成细胞悬液，将两者充分地混合在一起，没多久，它们好像具有认识自己同伴的非凡能力，竟然按各自的品种进行排列聚合一起，又形成了黄海绵和橘红海绵，一丝一毫也没弄错，实在奥妙无穷。

## 四、奇特的捕食方式

海绵既然是动物，那么，它是怎样捕食的呢？让我们先看一下海绵的结构。单体海绵很像一个花瓶，瓶壁上布满小孔，这就是海绵的入水孔；瓶腔便是海绵腔；瓶口即是海绵的出水孔。这就构成了海绵动物特有的滤食系统，称之为水沟系。

海绵的沟系可以使水流沿着一定路线流动，从而完成滤取食物，如动植物碎屑、细菌等。

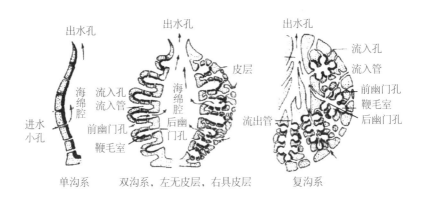

↑ 海绵的沟系（改自Hyman）

## 五、会节能的动物

人们把海绵放入静止的水槽中，发现它会源源不断地把撒在槽底的石墨微粒由入水孔吸入，然后从出水孔排出。原来，海绵内壁上成千上万个领鞭毛细胞的鞭毛，由基部向顶端螺旋式地波动，从而产生同一方向的引力，这就起到类似抽水机的泵吸作用。

鞭毛的摆动是要耗能的，对营固着生活的海绵动物来说，从食物中获得的化学能是来之不易的。因此，海绵在千百万年的进化过程中，形成了一套利用天然流体流动能的本领，从而节约了宝贵的食物化学能。这也是为什么许多海绵总是生活在有海流流经的海底的道理。研究发现，海绵适宜的海流速度为0.5~1米/秒。

有人计算过，一个10厘米高的海绵，每天能抽滤海水22.5升，出水孔处的流速可达到5米/秒。这极高的水流速度，保证了从海绵体内排出的废物不再"回炉"。正是海绵的滤食和节能的本领，才使它们能够在缺乏营养的热带珊瑚礁、极地陆架区和海底洞穴中世代繁衍生存。

## 六、与小动物为友

海绵素以安静平和著称，从不主动发起进攻，别的动物也不喜欢吃它，大概是嫌它浑身长满了柔韧坚硬的骨骼难以下咽之故。不少小动物，像蠕虫、贝、虾、蟹等，都喜欢和它交朋友，它们常常躲在海绵体内，亲如手足，形同一家。当然，海绵之所以与小水族们为友，充其量不过是动物间一种天然的共生现象。有一种海绵，常与蟹过共栖生活，海绵栖息在蟹的甲壳上，借助蟹的脚四处"横行"，可谓免费旅行，这比它自己固定在一处要容易得到食物，而蟹隐藏在海绵之下，可免受敌害侵袭，可谓两全其美。

在西沙群岛水域的深水岩礁上生长着一种奇特的海绵，其形如一个长形的笼子，青白色，素装打扮，姿容秀丽，如出自巧匠的艺术珍品一样，被誉为"天女花篮"。有趣的是，当要采集这个天然艺术品时，往往会发现扰乱了一对小俪虾的惬意生活。原来，这个天然的"花篮"博得了俪虾的好感，它们自幼就成

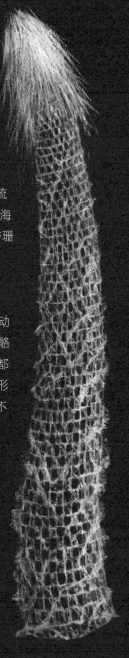

|↑| 偕老同穴（刘正杨 绘）

双结对地从"花篮"身上的空隙间游进去安家落户，后来它们长大了，再也钻不出来，夫妇俩便被"软禁"在里面同穴到老，共度余生，而这美妙的"花篮"因此得名"偕老同穴"。

## 七、独处寡居

虽然有小动物愿意与海绵为友，但人们发现，海绵总是形单影只地独处一隅。凡是海绵栖居的地方，其实很少有其他动物前去居住，这是为什么呢？

也许有以下几个原因。其一，海绵对那些贪食的动物没有任何吸引力，浑身的骨针和纤维使其他动物难以下咽，因此海绵的天敌不多。其二，海绵多栖息在有海流流动的海底，而很多动物难于在那样的环境中生活。因为在那里，动物的幼虫或被海水冲跑，或被海绵滤食。其三，海绵身上有一种难闻的恶臭，这也是其他动物不愿与之为伍的原因。

海绵远不如其他海洋动物那样显赫，颇受人们冷落，因为它的经济价值不大。近些年，随着人造海绵业的发展，使得沐浴用海绵的养殖业日趋衰落。随着科学技术的发展，人们还会不会发现海绵的新价值呢？

## 八、海绵的功与过

海绵对人类有着许多的益处。它满身的骨骼是海绵丝，柔软而富于弹性，而且吸水性相当强，人们可用它来洗澡或在外科手术上用以吸收血液或脓液，以清洁患处。有些含有砂质骨骼的海绵比较硬，可供擦拭器具。海绵奇丽多姿，可作为观赏水族之物。

海绵在科研上有其特殊的意义，古生物学家根据海绵的沉积物能分析出过去环境的变迁，而对海绵本身的研究，则能解决细胞、胚胎发育和发生生物学等生命科学的基本问题。

尽管海绵对人类有如此大的贡献，它也有给人添麻烦的时候。有些种类，如穿贝海绵，常寄生于软体动物的贝壳上，能分解碳酸钙，穿蚀贝壳，使贝类夭亡。因此，它是贻贝、牡蛎等养殖业的一大害。另外，生长在淡水中的海绵，大量繁殖时，会阻塞河道，妨害水上交通。

# 美丽的腔肠动物——珊瑚

珊瑚是典型的热带海洋动物，它们造型优美，色彩绚丽，有粉红、鹅黄、淡紫、天蓝、碧绿、雪白等颜色，加上生活在珊瑚丛中珠光闪闪的贝类、形态各异的喜礁动物以及穿行其间的美丽热带鱼，构成了美丽丰富多彩、生机盎然的生物群落。

珊瑚究竟是何物？珊瑚属于腔肠动物，种类繁多，是由一种叫珊瑚虫的小动物构成，"珊瑚"由此得名。在生物学分类上，腔肠动物门包括水螅虫纲、珊瑚虫纲、钵水母纲和栉水母纲。这些动物的主要特征是辐射对称的体形，只具有两层细胞层，与马海绵等低等动物比起来，它们有了最简单、最原始的神经系统。这一类动物都有一种秘密武器——刺细胞，能翻出刺丝，放射毒素，这是它们捕食与护身的法宝。

## 一、以精巧著称的"建筑师"

珊瑚不仅美丽，还被誉为"生物建筑师"，因为它们建筑了许许多多的珊瑚礁。这些"建筑师"怎样进行工作的呢？简单地说，只有几毫米大小的珊瑚虫就像一个奖杯，落座在一个托子上，这种"珊瑚杯"是由珊瑚虫自身分泌的钙质包围的。杯壁是珊瑚的外鞘，许多隔膜由外鞘向中央辐射状伸展。珊瑚虫白天不大活动，看上去像死了一样，但到夜晚就很活跃，它们像饿疯了的贪吃鬼，狼吞虎咽地摄食。珊瑚虫常常是成千上万个生长在一起，互相挨着，骨骼相连，日子长久了，形成一丛丛千姿百态的珊瑚。一个群体珊瑚就是这样一个老少珊瑚虫云集的结构。它每年以数厘米的速度不断繁殖生长，子孙们在祖辈的坟墓上营建巢穴，世代相传，形成了蔚为壮观的珊瑚礁。我们在珊瑚标本上看到的一个个洞眼，正是珊瑚虫生前的一个个珊瑚杯。

## 二、海底之花

珊瑚的形状多种多样，潜入水中可见到千姿百态的珊瑚丛，有形似鹿角

↑ 手指珊瑚是软珊瑚类的常见品种，在我国南海容易看到（白明 摄）

←| 1 | 2
3

1 蔷薇珊瑚（白明 摄）

2 脑珊瑚（白明 摄）

3 轴孔珊瑚是石珊瑚的一种（白明 摄）

的鹿角珊瑚、似蜂巢的海孔珊瑚、似侧柏的橘色刺柳珊瑚、似蘑菇的蔷薇珊瑚、似人大脑的脑珊瑚、似树枝状的石珊瑚、似牡丹花的牡丹珊瑚、似喇叭的薄片刺孔珊瑚，还有极为珍贵的红珊瑚等。珊瑚恰似天然的花朵，美不胜收，难怪不少人小心翼翼地把这种娇脆的东西带上千里，作为送给亲友的珍贵纪念品。的确，在房间里摆上一丛珊瑚，不亚于鲜花和盆景，而且它永不凋谢，会使您感叹海底世界的神奇。珊瑚也被人们俗称为"海石花"。

珊瑚的种类很多，我国西沙群岛周围生长的各种软珊瑚就有一百多种。对于珊瑚，以往很多人是不清楚的，古人认为它是植物，甚至有不少人错认它为石头，于是人们把它称为"海石花"。至于软珊瑚，人们就更生疏了。因软珊瑚的形状似鸡冠，日本人称它为"海鸡头"；过去，我国一些学者称它为

"海鸡冠"。因为它无中轴和体软，所以称为"软珊瑚"还是比较合适的。软珊瑚的冠部或基部有许多骨针，是种类鉴定的主要依据。

## 三、热带海洋沙漠中的绿洲

珊瑚对环境的要求十分严格，需高温、高盐、高透明度和硬底质的海洋环境。雄伟壮观的珊瑚礁素有"热带海洋沙漠中的绿洲"之称，它是如何形成的呢？造礁珊瑚虫有共生的虫质藻类，能进行光合作用，把光合物运转给宿主，促进了珊瑚虫的生长，因此在阳光照射的浅海或透明度大的海区，珊瑚虫群居长势最好。这些群居在一起的珊瑚虫长大了，就形成了绚丽多彩的珊瑚礁，成为海洋生物栖息的良好场所。珊瑚礁形成速度很快，假若一艘船沉在海底几年，各式各样的珊瑚就会把它包围起来，使人无法辨出它的本来面目。日子长了，这艘沉船就可以成为一块巨大的珊瑚礁。

## 四、保护珊瑚的责任重大

我国西沙群岛地处热带，有无数的珊瑚礁岛屿，成为珊瑚生长的繁茂区。珊瑚礁的景致多姿多彩，光怪陆离，在海洋里，它们是生物的摇篮，珊瑚的叉隙以及由珊瑚群集天长日久形成的"洞穴"是多种珍贵海洋生物的快乐世界，比如，以珊瑚为固着基的藻类就有几十种。著名的麒麟藻（即石花菜）、凤尾菜、珍珠菜、凝花菜等，都是凭借珊瑚"安身立命"的，千里"藻田"更是南海海底的宝藏，但没有珊瑚也就没有"藻田"。有人计算过，在一平方米的珊瑚上，年可收海藻干品10~15千克。这是一笔可观的经济资源。珊瑚礁成为一个个美丽的海底公园或良好牧场，所以保护珊瑚是人们义不容辞的责任。

我国西沙、中沙、南沙群岛盛产的珊瑚种类繁多，资源十分丰富。遗憾的是，珊瑚群近午来不断遭到人为破坏，昔日一派生机勃勃的"珊瑚田"如今有很多已被凿光挖平。我国南海珊瑚的成长率每年不过0.1~0.3米，而且一旦折断，断枝就不能再生。由于滥挖珊瑚，连带藻类绝种，危害更大的还有珊瑚"屏障"被破坏，使凶猛的海潮乘虚而入。海南岛某些地方，原来的堤岸和海水满潮前之间有200米开阔地带，曾经绿草丛生，灌木成林，如今这一切都因珊瑚群被破坏而被海水冲毁，临海村落已接近汪洋。必须严禁滥挖珊瑚！

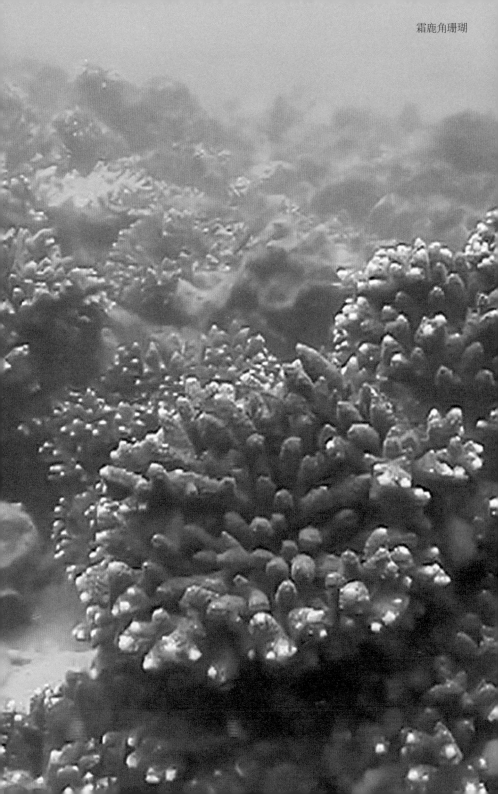
霜鹿角珊瑚

# 随波逐流的海蜇

当人们乘船去西沙、南沙群岛时，南海的夜晚，海浪阵阵，可见海面波光粼粼，在船的两边可见到一群群闪光的东西，不停地在海面上随波逐流。这是一类海洋浮游动物，人们叫它海蜇。海蜇属腔肠动物。这类动物别名很多，在古代曾叫它为鲊鱼、石镜、海靼等。也有人称它为海月，因其貌如月在海而得名。广州称它为水母。流行最广的要算是"海蜇"这个大名了。

## 一、海蜇的形态

春末夏初的雨后，或是在秋高气爽、风平浪静的日子里，碧蓝的海水中常可见到有一种水晶般的伞朵，在大海里聚集浮动，有时跟随在船艇两侧，犹如一顶顶鼓足了气的降落伞，漂泊自如，引人注目。这就是海蜇。

海蜇体内含有水分95%以上，故称水母。海蜇的身体分两部分，即伞部和口腕部。伞部为个体的上半部，如球形，人们俗称为"海蜇皮"。伞外部表面光滑，边缘有8个感觉器。伞的内部具有发达的环状肌，环状肌有褐红色、深褐色、金黄色或乳白色等，即加工时去掉的皮层，人们常称它为"血衣"。口腕部（或称口柄）为伞部下的部分，即人们俗称的"海蜇头"。口腕部有许多棒状和丝状触须，所以海蜇在海洋里恰似一朵朵晶莹明亮的太阳伞，形象十分可爱逗人。

## 二、神出鬼没的行踪

海蜇的形状非常别致，晶莹剔透，在海中漂泊自如。海蜇营浮游生活，随着海流和风浪漂流入港湾及沿岸。因此，潮汐、风向、海流对海蜇生产影响极大，例如闽浙沿海渔民在长期渔业生产实践中，根据当地自然环境中出现的与海蜇有关的现象，用朴实简练的渔谚语"三八水汪汪，海蜇似耆康""四月八，一哺雨，一葡咤"等，反映了三四月份降水量与小海蜇大量生长发育的关系。海蜇有时在海上聚集成带，多时绵延数里，海面皆是，有时

也会一夜之间突然无影无踪，不知去向。原来，海蜇有预测风暴的本领，海上风暴到来之前的十多小时，海蜇体上的感觉器官就能感知风暴，且极为敏感。成群的海蜇纷纷逃向海洋深处躲藏起来，以防被强风恶浪抛到岸上或冲击而身亡。由于海蜇具有测风本领，难怪它的行踪被人说成是神出鬼没的怪物。人们发现了它的这种特性，科学家们就模仿研制成一种名为"水母耳"的风暴警报仪，并在海洋气象中广泛使用，成为人类与风暴斗争的一个有力武器。

海蜇在风平浪静，水色清澈，多云、阴天或太阳光不太强以及平潮时，一般漂浮于水域的上层或表层；在水质浑浊，夜晚、潮落或太阳光过于强烈时，海蜇一般是下沉于水域下层或近底层。

### 三、巧取食物与蜇虾共生

海蜇的运动主要靠伞部下面发达的环状肌肉的伸缩作用，环肌收缩时，伞下腔内的水被挤出来，利用这个反作用力向伞顶方向升进。海蜇柔软漂亮，貌似很好欺负，其实不然。海蜇身上分布着许多刺细胞，能分泌毒液。当小动物靠近它时，它就用触手捕捉，刺细胞随即刺入，并分泌出大量毒液注入并麻醉对方，那些小动物便成为它的一顿美餐了。人们在海滨游泳时遇见海蜇应避开，切勿轻易用手触及，若被刺伤后，皮肤会出现红肿、痛痒，严重的会危及生命。

有趣的是，有一种水母虾，它不但不怕海蜇的"毒手"，遇上敌害时反而会躲进海蜇的口腕下，海蜇把它当成了好朋友，任由水母虾自由进入自己的口腕下面，海蜇的伞部竟成了这种小虾的保护伞了。

西晋张华的《博物志》有记载鲊鱼"无头目，腹内无肠藏。其所处，众虾附之，随其东西"。宋代沈与求写过海蜇诗"出没沙嘴如浮罂，复如缁笠绝两缨，浑沌七窍俱未形，块然背负群虾行"。这些都很详细生动地描述了海蜇的生态习性及其与小虾共生的情景。

## 四、海蜇与食品医药

我国是世界上最早开发和利用海蜇资源的国家。我国沿海有经济价值的海蜇约5种，海蜇鲜美可口，营养丰富，蛋白质含量仅次于鱼、虾、蟹等，作为家庭佐餐或宴席上的佳肴，深受欢迎。加工海蜇时，把伞部的皮层割下来，用石灰和明矾腌制，榨去体内水分，洗净盐渍，那便是爽脆可口的海蜇皮，肉厚，味道美且脆，是北方人特别爱吃的水产品。

海蜇还有药用价值。《本草纲目》记有海蜇主治妇人劳损，积血带下。《本草拾遗》记有海蜇"能疗河鱼之疾"，"能解河豚中毒之症"。其他书上也有记载，如《岭表录异》记有海蜇"性暖补"，《雨航杂录》记有治积。

# 形似僧帽的水母

海蜇，俗称水母。热带海洋里有一种水母与其他水母不同，这种水母是由许多形态和功能不同的成员组成的群体，群体的顶端覆盖着一个长约25厘米的大型帽子，这顶帽子成为浮游囊体，因其形状很像僧人戴的帽子，故得名僧帽水母。僧帽水母在南海诸岛的海面上常会见到。

僧帽水母依靠浮囊体内充满着的气体，可以在大海中自由浮沉。浮囊体呈凸形，其上有一个美丽的蓝色冠。这顶耀眼夺目的"僧帽"在海面随波逐流，犹如可爱的小帆船。

但是当见到这群美丽的小帆船时，可千万不要被其美丽的外貌所迷惑，因为它的体上长有可怕的杀人凶器——触手。这些长达数米的触手能分泌剧毒的液体，专门来捕捉食物。人若不小心触及了它，轻则是数天烧灼闷痛，重则会丧命。

有些鱼类却能习惯地在僧帽水母体内自由生活。还有一种叫信天翁的海鸟敢吞食这种僧帽水母，看来信天翁对其毒液具有免疫力。

僧帽水母有群居的习性，常常成千上万地汇聚在一起，浩浩荡荡的队伍可长达十几千米。

据报道：每年5月，法国南部的尼斯海区是僧帽水母和其他水母"集会"的地方，它们的"集会"常常吸引那些凶恶贪婪的鲨鱼来摄食。僧帽水母和其他水母常常可随着热带暖流成群漂流而搁浅在海滩上，特别提示：人们在海滨游泳遇到它，千万不要随意捕捉或玩弄这些水母，应避开为好，以防发生意外。

|→| 僧帽水母（张国刚 绘）

# 艳丽浪漫的海葵

海葵算是一种神奇而令人心驰神往的生物。它那优雅的名字不免让人想起阳光下的向日葵。其实，它的外貌有的如一朵朵初绽的玫瑰花，也有的形似菊花，或卷抱着花心，或金丝下垂，体色鲜艳，千韵多姿，尤其在它的上端有一圈向四周散开着的触手，更像菊花的花瓣，因其外貌似菊花，故有"海菊花"之称。其实，它是腔肠动物中的一员。

从外表上看，海葵娇艳动人，实际上却不像它的相貌那样可爱。它有一张硕大的嘴，胃口又特别好，能将虾和小鱼一口吞下。海葵的身体像海蜇一样柔软，它的每只触手的尖端都有一个毒囊，毒囊里面盘着一条条带尖的线，一旦遇到猎食物，其中一根线就向前将皮刺破，如射出的毒箭，于是毒液流出来，这样，对手很快就被制服了。由于这个原因，许多海洋生物都对它"敬而远之"。

海葵的外形美丽，它们的生活史也很有趣。海葵虽过着固着的生活，也许是因为它拥有特殊御敌的武器，所以它在弱小动物中最易赢得好感，像海绵、海胆、贻贝、寄居蟹等都是它的老搭档。海葵常常定居在其他动物体上，尤其是它与寄居蟹共生相处成为"挚友"，寄居蟹不辞劳苦，背着螺壳走南闯北四处谋生，身上还有一两只海葵的额外负担，每当寄居蟹成长而要更换空壳搬进新居时，总是小心翼翼地把旧穴上的海葵"请"下来，毕恭毕敬地把海葵奉为上宾，先安置在新居上。原来，寄居蟹看中了海葵的御敌实力。寄居蟹抵抗敌害的能力弱，常受敌害攻击而丧命，身边有了海葵这个义气好友，就好像有了护身符，不但可将敌人赶跑，而且能捕获到被海葵毒液麻痹的俘虏，作为两位朋友

→ 美丽的海底动物画面

共生的一顿美餐饱腹哩！有时连那些在海边横行霸道的螃蟹也把海葵安置在大螯上，手持鲜花一样四处横行，海葵就跟随着这些朋友到处旅游，过着浪漫而有趣的生活。

　　海葵因外形美丽，所以被人们移养在水族箱中供人观赏，还因其肌肉坚韧而富弹性，有不少种类可供食用，如沙海葵，其味似海蜇，鲜脆可口。不过，食用海葵要特别注意，那些颜色鲜艳、引人注目的海葵，往往是有毒的。有些海葵可供药用，如西瓜海葵可治疗痔疮等。

|↑|　水族箱中的红肚海葵（白明 摄）

|→|　水族箱中的管海葵（白明 摄）

# 海底星星——海星

海星是棘皮动物，是海洋里常见的大型无脊椎动物。当你漫步在大海之滨，有时可以见到它那一个个星形状的身体，有的生着五个腕足呈五角形，有的生着十多条长腕像星星的光芒。海星不但形状多，颜色也是五光十色，点缀在海底，尤其是在南海诸岛，海星种类繁多，奇形怪状，颜色之美，个体之大，美不胜收。

海星具有惊人的断肢再生本领，这引起了科学家的极大兴趣。研究发现，海星腕内存在一种储备的纤维细胞，它是一种游离的"待业"细胞，细胞内含有完整的遗传基因，借助这种基因，能发育出组成新海星各种器官的能力。海星、蜥蜴、蝾螈等许多低等动物都保留了这种极强的能力。在自然界中越是脆弱、易受伤害的动物，再生的本领越强，这是自然淘汰的规律在起作用。否则，它们无法生存下来。

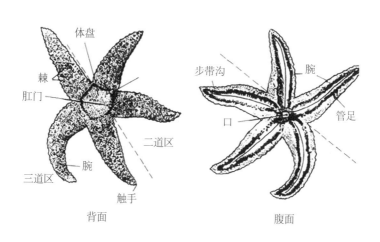

背面

腹面

|个| 海星外形（自Storer）

有趣的是，海洋生物学家观察到，海星能吞食比它大的海洋生物，尤其是对美味的牡蛎、贻贝和蛤蜊有其特殊的嗜好。虽然这些贝类生物披着坚硬的贝壳，但是海星会施展出五爪抓住不放，时间一久，贝类精力不济，两壳放松，海星便乘虚而入，将肚子里的胃翻出来，当作嘴唇，伸进壳缝，并分泌消化液麻醉贝类，结果这些贝类被海星美餐一顿。据报道：一只海星，一天内能连吃带损害牡蛎二十多只。长期以来，海星被认为是贝类的敌害。这个铁案一直到1956年才有人提出异议。科学家柯尔养了一批海星，给予自由选择食物的机会，经长期观察，发现海星主要的食物是藤壶类，偶尔会捉几只牡蛎。藤壶是养殖牡蛎的敌害，海星可为牡蛎除害，海星是否功过于罪，有待进一步研究。

|↑|　海星捕食贝类（刘正杨 绘）

海星营养丰富，用途很广。日本把海星用高温压榨，挤出液汁，提取了含蛋白质81.99%、粗灰分17.23%、其他为0.78%的干物质。这种蛋白质中含有很多甘氨酸（味精成分），味美，可以作为天然的调味品。榨取液汁剩下的糟粕，可以通过真空干燥粉碎，获得含有钙质25.7%的干粉。

现在民间仍以海星来祛风湿，还用来治胃酸，止腹泻等。海星中含有大量的胶原，科学家从海星中提取明胶获得成功，可用来加工成药物胶囊。海星原素A和海星原素B对某些海洋生物有诱发排卵和排精作用，对研究精子钝化和卵子成熟有一定价值；如能研究成功，将是一种理想的人工育苗催产药物。在海星体腔液中还发现减轻炎症反应的物质，并分离出有抗流感病毒及抗癌作用的活性成分。海星的生殖腺及其内脏可以制酱，供食用。海星还可以被制成混合饲料用以饲养家畜。

我国南海诸岛海星种类多，资源丰富。合理利用海星资源，不仅可以变害为利，保护贝类资源，还可以为国家增加一项新的水产品，这无疑是一件大好事。

↑ 海星（刘田 摄）

# 海洋刺猬——海胆

南海诸岛海域珊瑚礁丛立，海藻茂盛，水质纯净，人们不难看到一种近似圆形、浑身长刺的"怪物"，这就是海胆。

海胆是一种生长在海水中的半球形、浑身长刺的棘皮动物，由于其壳上长满了刺，所以人们又称它为"刺球""刺针""海刺猬""海伞"等。海胆的种类很多，有700多种。在繁多的海胆中，有些可供人食用，有些则含有剧毒。从外表看，有毒的海胆一般比可食用的海胆鲜艳美丽，其刺细小而锐长。这些美丽迷人的海胆多聚居在海藻茂盛的海底岩石间和珊瑚礁附近海域，有时会在海底布满密密麻麻的一大片。海胆以海藻类为食，海藻嫩芽是它们最喜欢的食物。因此，在海带养殖场中，海胆是危害极大的动物。

↑　紫海胆

海胆周身长满刺棘，好不威武。为啥起名海胆呢？海胆，人们形容它有大海的胆量，胆大包天，有胆有识，谁敢来侵犯，它就亮出一身披挂，那些美丽的有毒海胆一旦刺伤了人，那细而脆的刺往往会断在皮肉中，注入毒液，使被刺伤处红肿、剧疼，有时还会使人心跳加快，甚至可能发生痉挛现象。毒海胆还伤害鱼类，据渔民讲，凡是毒海胆聚居的地方，鱼类都比较少。

海胆虽然长满刺棘并有毒液保护，但不是没有天敌。生物学家观察到，一种生活在海中的蜗牛，可一下子吐出100克含有硫酸和盐酸的唾液，不仅令海胆无法动弹，而且能腐蚀海胆的石灰质甲壳，然后轻而易举地饱餐一顿。在生物界中，强中自有强中手，可对付海胆的生物还是存在的。

海胆全身都是宝。远在明代，我国沿海居民就已将海胆制成酱，用以佐餐。日本人把海胆卵加工腌制，称为"云丹"。食用海胆，先撬开海胆壳，能看见色泽艳红或橙红的东西，那就是海胆的卵巢，不仅味道鲜美，而且营养价值很高，是国际市场上畅销的海产品。

海南岛沿海一带的居民吃海胆的方法别具一格，他们常把海胆卵和肉、蛋类一起炒，做成鲜美可口的上乘菜肴。还有的地方用海胆卵拌面粉制成一种美味的"石尖糕"。

|←| 海胆（白明 摄）

# 漫话海参

在我国美丽富饶的辽阔海域中，海洋资源极其丰富，海洋生物种类繁多，生长着许多名贵的动物，海参就是一种有名的珍贵海产品。自古以来，陆有人参，海有海参，两参齐名。海参如此珍贵，它究竟是何物呢？

海参属于棘皮动物，身体柔软滑腻，前端有口，后端有肛门。背面有许多小突起或肉刺，腹面较平坦。海参形状古怪，有的看上去像蠕虫，有的像圆筒，有些像萝卜。海参喜欢生活在海藻生长繁茂的岩礁底和细沙泥质底，体色随着环境变化而不同。生活在岩石底和水温较低区域的海参，肉刺高而多，体色较深，呈栗子色。生活在海底水草处的海参，个头大，肉比较肥厚，色绿。除此之外，还有紫褐、灰褐、赤褐等色的海参，也有罕见的白色海参。

不同种类的海参，其生活习性也不一样。有的海参在海底匍匐似蠕虫，潜伏或附着在石头和其他物体上。有的种类能游泳，也有些种类常把沙粒、碎贝壳和海绵的骨针等弄在身体外面，样子丑陋，有点吓人。海参的食物主要是混在底质里的有机质碎屑、硅藻、有孔虫等，为了帮助消化，吃的时候连同泥沙一并吞入。海参摄食如此简单，却能生成较多的高级蛋白质，真是

|↓| 南海海域盛产的黑狗参

天工造化，奥秘难解。

　　海参是海底世界的弱者，只能依附石缝而生，身上几乎没有御敌的武器。但是，它拥有两项独特的本能。当它遇到敌害而无法逃脱时，会吐出自己的全部肚囊，供敌饱餐，侥幸保身。不必为它的生命担心，因为它的再生力很强。更有少数种类的海参身体被横切为两三段，各段仍能再生成一个完整个体，其再生能力几乎可与蚯蚓相比。这种再生的海参一般比原来的小。海参的再生能力确实奇妙惊人。另外，海参有预测风暴的本领，对天气和温度的剧烈变化有特别的灵敏感。当狂风来临时，它在海底突然无影无踪了，能事先躲藏在石缝中或其他安全的地方避难。当风平浪静时，海参又爬出来活动和觅食了。

　　海参的种类很多，世界上约有40种。我国有20多种。北方的辽宁和山东沿海以生产刺参而闻名。我国东南沿海一带的海参种类较多，尤其是南海的西沙群岛，气候暖热，生长许多珊瑚礁，构成极其复杂的自然环境，是海参繁殖生息的好地方，也是海参种类最多的产地。世界上一些名贵的海参种类，如梅花参、蛇目白尼参和辐肛参等，在西沙均有，而且资源丰富，产量也较大。

　　捕捉海参是辛苦而有趣的。渔民潜入海底，一手拿着叉子，一手提着网兜，叉住海参，甩头放气，调节其身体的重量，在旺季时，一会儿工夫就可叉满一网兜往船上撒，有的会慢慢蠕动，有的一动不动，每条船6个人可捕参五百多斤。但是，滥捕幼参是破坏资源的行为，值得引起重视。

　　海参的药用价值高，有补肾益精、壮阳疗痿的功效。由于海参不含胆固醇，所以是血管硬化和冠心病人的理想食品。近年来的研究发现，海参含有黏多糖，经过动物实验，能抑制癌细胞的生长和转移。

# 色彩缤纷的贝类

西沙群岛的贝类具有明显的热带动物区系的特色，大多数属于与珊瑚礁关系密切的热带品种。它们资源丰富，种类繁多，色彩鲜艳，与那些千奇百状、五光十色的珊瑚及其他海洋生物共同构成了美丽壮观的海底世界。

西沙群岛的贝类中，很多品种是有经济价值的。贝类营养丰富，味道鲜美，是珍贵的食品。贝壳，不少种类可入药，是很好的中药材。此外，由于热带海区贝壳的形状多样，花纹绚丽，光彩夺目，自古以来就被人们当作装饰品或加工成精美的工艺品。在这里，我们挑选部分经济贝类介绍如下。

## 一、马蹄螺

马蹄螺是西沙群岛产量最大的贝类，其中主要有大马蹄螺、塔形马蹄螺和斑马蹄螺三种。

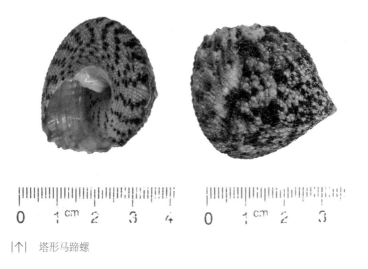

|↑| 塔形马蹄螺

马蹄螺的贝壳形状似一只马蹄，上尖下大，呈圆锥形。它的珍珠层厚，经济价值很高，特别是当地渔民称为"公螺"的大马蹄螺，个体大，一般高达15～20厘米，贝壳厚而坚实，表面上有红褐色的水波状斑纹。这种螺产量较高，质量好，除肉可食用外，其贝壳粉极光滑，是一种珍贵的高级喷漆调和剂，常用于飞机的喷漆。贝雕艺术工人还常把其贝壳加工成漂亮精致的装饰品和观赏品。

当地群众称为"白面蹄螺"的塔形马蹄螺和斑马蹄螺，其肉均可食用，个体比大马蹄螺小，质量和产量略次于大马蹄螺。

马蹄螺主要生活在西沙群岛的礁平台或陡坡的珊瑚石上、洞内或珊瑚沙上，营匍匐生活。由于背上有厚重的贝壳，行动很不方便，所以很少移动；即使行动，动作也很迟缓。由于马蹄螺的贝壳上经常附生着海藻、苔藓虫之类，所以颜色与周围的珊瑚相似，成为保护色，不易识别，在捕捉时要特别细心观察才行，否则很不容易发现它们。

## 二、凤螺

凤螺主要栖息于珊瑚礁、沙和泥沙质的浅海区，种类非常多，有些种类的个体较大，肉味鲜美，可食用。有的贝壳颜色鲜艳，花纹多样，外形奇异美观。据记载，我国沿海有凤螺30余种，目前西沙群岛已发现14种，常见的种类有蜘蛛螺、水字螺和瘤平顶蜘蛛螺等。这几种在贝壳外唇边缘上生有爪状的长棘，因此俗名叫"笔架螺"。这些种类多生活在礁盘、珊瑚礁间、小片沙滩上或藻类丛生的岩礁间。在沙滩上，其贝壳部分可隐入沙内。由于它们经常生活在有藻类生长的地方，又活动少，所以在贝壳的背部往往生长一些藻类或营附着生活的动物，这无意的"伪装"却对它们起了保护作用。它们的贝壳具有花纹，壳口内光滑呈玫瑰红及橘红等色，十分令人喜爱，是贝雕的好材料。

有一种当地称为"红口螺"的篱凤螺，贝壳近圆锥形，壳表有明显的红褐色篱笆样的纵横花纹和色带，壳口鲜红色，故叫"红口螺"，是西沙群岛常见的种类。

水字螺因贝壳的壳口边缘有六个向前、后、左、右伸展的强大爪状棘，使整个贝壳成"水"字形而得名。同样，蜘蛛螺也因有七个强大的爪状棘向一侧突出，好像蜘蛛的足而被称为蜘蛛螺。这些奇特的贝壳可供观赏或加工成工艺品。

### 三、当心美丽有毒的芋螺

在南海诸岛的海滩上，有形状各式各样、色彩鲜艳的贝壳，人们会被海滩上琳琅满目的贝壳所吸引。其中，有一种贝壳长得特别好看，有的形似芋头叫芋螺，有的状似鸡心叫鸡心螺，但是它的生物学名叫芋螺，是古今中外人们喜欢收集的贝类之一，或许因为它的贝壳特别绚丽耀眼，而被誉为"海洋的光辉"。

芋螺的贝壳呈长卵圆形或纺锤形，近上部宽，向下渐尖瘦。它的贝壳表面有一层很薄的黄褐色壳皮，当壳内动物死亡后，经海水的冲刷，壳皮很容易脱落，就露出光滑夺目的壳面和鲜艳的花纹，壳面颜色的花纹和斑点随种类的不同而异，所以格外惹人喜爱。若能把它的种类集在一起陈列，真是美不胜收。

芋螺的绚丽美色，的确可爱，但是千万不要麻痹大意。它虽披着华丽的外衣，但其体内存有毒腺，能产生毒液。据报道，芋螺毒液一毫克即可将人致死。这种贝类的齿舌和其他贝类不同，齿呈箭状，由两排箭头状的齿排列而

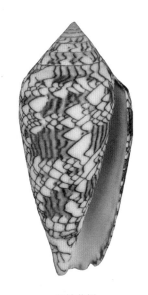

地纹芋螺　　　　　　　　　　织锦芋螺

成，这种箭头状的齿连同毒液从口腔射出体外杀伤其他动物，被毒伤的动物呈瘫痪状态后即被其猎为美餐。如人不慎被其刺伤，抢救不力，数小时后就有致命的危险。据记载，有种叫地纹芋螺的品种，其毒液毒性很大，被它咬过的38人中有11人死亡。织锦芋螺、线纹芋螺也属毒性较大的种类，虽然不同芋螺的毒液毒性有轻重之别，但都是有毒的贝类，上述毒性较大的芋螺在南海诸岛都有分布，所以在采集芋螺时应特别谨慎，切勿用手抓，最好用镊子把芋螺夹起随即放在容器内，更不可长时间把芋螺握在手中，以免中毒。

芋螺一般是把身体埋于沙中，只露出吻和水管，很像一棵海藻，如果小鱼在它旁边游动，一刹那，就会被它带有倒刺的钩状毒刺所刺伤，毒液进入鱼体后，小鱼两眼凸出而死亡，这时芋螺从沙中爬出来贪婪地吞食。

芋螺生活在热带和亚热带海洋，在我国从浙江南部沿海至福建、广东沿海都有分布。南海诸岛地处热带，珊瑚礁是芋螺栖息的最好环境，西沙、南沙群岛分布的种类较多，沿岸、沙滩、潮间带十数米至百米水深均有。据统计，我国目前已发现芋螺约80种。

有些芋螺品种很罕见，因而价值非常高，海洋生物学家采集它做研究材料，目的是研究它究竟有多少种及生态习性，但另外一些人是专为出售贝壳获利而不惜代价到处采集。

## 四、贝类之王——砗磲

砗磲是一种生活在海洋里的大型经济贝类，个体特别大。砗磲古称车渠，因为它壳上的隆纹似车轮之渠，故名。砗磲只产于热带珊瑚礁海域。砗磲科共有9种，我国南海诸岛、海南岛和台湾南部均有分布。生物学家认为，如果发现有砗磲生活的地方，就意味着该地区进入热带了。砗磲生活在低潮区附近珊瑚礁间或浅水的礁池内，用它强有力的足丝固着于岩礁缝隙内，通常贝壳部分露在外边，当海水满潮时张开两壳摄取饵料，这时可见到壳内五彩缤纷的外套膜。它同其他双壳类一样，自海水中滤食硅藻等浮游生物为生。

砗磲是一种很有趣的贝类，其外套膜有一种特殊结构能聚合阳光，它与一种单细胞藻类——虫黄藻"相依为命"。虫黄藻分布在砗磲外套膜边缘外面，当砗磲的贝壳张开时，外套膜暴露在阳光下，经光合作用，虫黄藻能生产有机物质供砗磲食用，而虫黄藻利用砗磲的代谢迅速繁殖起来，成为砗磲的主要饵料，两者互惠共生。

砗磲有韧带和强大的闭壳肌，两扇贝壳可以自由开闭。它的触觉很灵敏，如果遇到外来的侵袭，便立即关闭双壳。如果想取出其肉，必须在它张开时，趁其不备，用刀子伸入壳内切断闭壳肌，不然只能望之兴叹。砗磲的肉味鲜美，可鲜食或晒干制成干贝，其闭合肌强大，切片晒干后为名贵海味之一，称为蚵筋，在国际市场上供不应求，价格昂贵。砗磲内产生的珠，称为蚵珠，色泽较差，比不上珍珠，但可药用，是作镇静剂和眼药的原料。砗磲的壳长一般为20厘米，总重5千克左右。有一种大砗磲（即库氏砗磲），最大壳长可达2米，重300千克以上，称为"贝类之王"。砗磲的寿命也是贝类中最长命的，可活80～100年。

国外通常把砗磲的贝壳制成花盆或小孩的浴盆，既美观又实用。我国海南岛的渔民多把其贝壳作猪槽、鸡槽等用具。

有趣的是，砗磲的壳曾被视为上品，有些国家在教堂把它当作圣水盆。巴黎的圣色尔坡司教堂里，至今仍陈列着世界上最大的砗磲壳，专供盛圣水之用。我国古代也把砗磲壳和金银、珍珠及珊瑚等并列为"七宝"。

我国南海诸岛的西沙和南沙群岛盛产砗磲。西沙群岛20世纪50年代末期砗磲鲜肉的年产量近200吨，约占西沙海产品总量的10%。由于砗磲采捕较易，价值昂贵，在世界各地都遭到滥捕，我国西沙亦不例外。某些海区已面临绝种的危险。近年来，一些国家已将大砗磲等三种砗磲列为世界稀有动物，加以保护。另外，不少国家重视发展养殖砗磲，美国诱导砗磲性腺成熟并在室内进行人工繁殖育苗和养殖砗磲获得成功。

# 美丽的宝贝

人们常常把一切有价值的奇珍称为"宝贝",甚至许多父母把自己疼爱的儿女称之为"宝贝"。海洋里也有"宝贝",它是一类属于软体动物的贝类。

海洋的宝贝主要生活在热带、亚热带海区,从海边的潮间带的浅海区至数十米水深,或更深的海底,都有它的踪迹。我国东南沿海从浙江的南部沿海就有宝贝种类,向南延伸,种类明显增多,尤以海南岛和南海诸岛的种类更加丰富。西沙群岛的珊瑚礁环境是宝贝栖息最多的地方。据调查,我国沿海宝贝的种类有60多种,西沙群岛就有30多种。

## 一、形形色色的宝贝

宝贝的贝壳多为长卵圆形,背部隆起,腹面平,形状很像伏卧的小猪仔,故有"猪仔螺"之称。贝壳的表面大都有一层珐琅质,非常光滑,具有瓷光。因为种类不同,宝贝的斑点和花纹五光十色、绚丽多彩。有个体很小的鸡豆珍贝、斑疹贝、紫眼球贝等,也有较大的虎斑宝贝。虎斑宝贝壳面上布有似虎豹身上的斑点色彩,颜色有黑褐色、褐色等深浅之分。由于宝贝色彩缤纷瑰丽,光彩夺目,令人爱不释手,自古以来就为贝类爱好者所收藏。现在国内外有许多专门出售贝壳的商店供选购,一些稀少贝壳的价格更是高得惊人。

宝贝的种类繁多,有的宝贝壳面有粒状突起,如疣葡萄贝,壳面灰褐色,有许多大小不等的粒状突起,彼此由横的隆起线互相连接,很有规律,格外好看。还有蚝蝓葡萄贝,壳面黑褐色,中部光滑,周围有大小不一的乳白色粒状突起,两端橙色,贝壳黑亮,富有光泽,别具一格,很惹人喜欢。其他如环纹货贝、花枕绶贝、肉色宝贝、枣红眼球贝、厚缘拟枣贝等,都非常漂亮。

|个| 花枕绶贝

## 二、宝贝色彩的奥秘

宝贝以色彩缤纷绚丽为人们所喜爱，那么这些形形色色的宝贝为何这样美丽而富有光泽呢？

宝贝和其他螺类相似，有一个口袋形的外套膜包着内部各种器官，外套膜非常发达，活动的时候从壳口中伸出，两侧伸展并向背面卷转，不断分泌珐琅质于贝壳表面。外套膜的颜色、花纹也随种类的不同而异。

宝贝营匍匐生活，行动缓慢，白天多隐伏在珊瑚礁石的阴面或洞穴的岩石块下，在黎明前和黄昏时才爬出来寻食或寻找配偶，天亮时又爬回它们原来阴暗的住处。人们利用这类动物有昼伏夜出的习性，在夜间用手电筒进行采集，不用翻转石块就可以采到。它们具有保护下一代的本能，夏季是宝贝繁殖的旺季。卵多产在珊瑚礁、岩石洞穴或空贝壳内，产卵后即伏卧在卵群上面不离开，一直保护它的卵到孵化出世后才离开，让它的小宝贝自己独立生活。

## 三、宝贝与古代的货币

宝贝在人类历史上曾起过货币的作用。早在奴隶社会时期，人们除了以货易货之外，当时有用宝贝的贝壳来换取货物，也就是说那时候人们拿宝贝当货币使用。

《诗经》中有"赐我百朋"之句，朋就是贝壳，五贝为朋。《说文》中有"至秦废贝行钱"的记载。虽然是说到了秦朝已用钱币代替贝壳作交易了，但实际上并没有完全废止。考古学家发掘殷商时代的古墓时，都有发现随葬品中有不少像货贝、环纹货贝和阿纹绶贝等贝壳，这些都足以证实我国古代人们将贝壳作为贵重物品。在古代曾被当作货币流通而出名的货贝，就是宝贝中普通的一种较小的个体。

|个| 阿纹绶贝

## 四、宝贝的形象与文字

我们现在使用的文字，很多是由象形文字演化而来的，如宝贝的贝字就是宝贝贝壳的形象例证之一。《本草纲目》中曾记载过"贝（貝）"字的由来：'贝'字象形，其中二点像贝齿，刻其下二点像其垂尾。

由于古代用宝贝的贝壳当货币使用，所以带有钱财意义的字，通常带有贝字旁，如财、赠、货、赏、赔、贡、赋、贿、赂等。

## 五、宝贝与医药

宝贝的肉可食用，其贝壳美丽喜人，此外，贝壳可供药用。在中药铺里，阿拉伯绶贝称为"紫贝齿"，货贝、环纹货贝称为"白贝齿"，与其他中药配伍，可治高血压病、惊悸失眠、血虚、小儿斑疹等。

# 不是鱼的鲍鱼

鲍鱼不是鱼，是爬附在浅海底潮线以下岩石的一种单壳类软体动物。鲍身体内没有骨骼，全身由柔软的肌肉组成，一片坚硬的石灰质贝壳覆盖着肥胖的身体。

鲍鲜美可口，营养丰富，除鲜食外，还可制成鲍干，为"海产八珍"之一，自古以来就被誉为海味之冠。鲍经济价值高，浑身是宝，其贝壳是人们熟悉的中药材"石决明"，《本草纲目》中记载"鲍可平血压，治头晕、目花症"。可见，鲍在我国医药上的应用已有悠久历史了。

鲍的形象到底是怎样的？鲍的贝壳形状似耳朵，故也被人称为"海耳"，其壳内有美丽的珍珠层，壳的左侧有几个与外界相通的孔道，可使身体里的外套膜边缘的触手伸出来，这几个孔也是排泄、呼吸的孔道。在我国古代，人们把鲍起名叫"九孔螺"，就是从它的贝壳有孔的特征而来的。

鲍（刘正杨 绘）

鲍的足部肌肉特别发达，也是人们食用的主要部分。足的下部很发达，腹面平，适于附着爬行。足的上面长有很多触手，当遇到障碍物时，它能凭借触手的感觉，立即扭转身躯向其他方向爬行。

鲍喜欢在盐度较高、海水清澈、潮流畅通、海藻繁茂的浅海底生活，喜昼伏夜出，特别是晚上十点以后最为活跃，可全身伸展在长满海藻的地方爬来爬去，用口有力地刮食海藻。有趣的是，鲍有像鸟儿一样的"归巢"习性。它白天多伏在岩石缝中不动，到晚上寂静之时，便开始从住处外出觅食，但是不管走出多远，一到黎明，它总能爬回原住处。鲍的爬行速度不算快，每分钟能爬50厘米。当遇到敌害或意外而无法逃脱时，鲍具有对付袭击者的高超本领，能突然地把身体紧缩在贝壳下面，就地用足吸附在岩礁上，凭借着坚硬的贝壳"碉堡"保护身体，使侵犯者束手无策，既无从下口，也难以把它俘虏，鲍得以安然无恙。我们采集鲍时，必须趁其不备迅速将它拿起，或立刻把它翻过身来，千万不要事先惊动它，否则就是费尽九牛二虎之力，也难以把它整个儿地取下来，那时只能"望鲍兴叹，悔不当初"了。

鲍是草食性动物，喜食海带、马尾藻、裙带藻等。在天气温暖和海藻大量生长的春秋季，鲍食欲最旺，也是生长最肥的时候；冬天不太活动，吃得少；在繁殖时较肥大，产卵后就变瘦了。过后，身体逐渐恢复，又开始摄食长肥了。

鲍为雌雄异体，从外表很难分别，必须看它的生殖腺才能鉴别。雄性呈淡黄色，雌性呈深绿色。鲍没有交接器，而是各自把精、卵排入水中进行受精，所以科技人员掌握了它的繁殖规律，进行了人工繁殖并取得了成功，为我国增殖鲍的资源打开了门径。

鲍的种类很多，全世界有90余种，几乎遍及世界各海域，我国沿海约有10种，除黄海、渤海沿岸常见的一种外，其余种类均产于福建以南沿海，辽宁省的大连、山东省的长山八岛以产皱纹盘鲍最盛名。这种鲍个头大，卵圆形，是我国北方海域优良的养殖种类，该种已进行南移人工育苗并取得可喜成果。南方沿海的鲍种类较多，常见的有杂色鲍和耳鲍。西沙群岛常见的是耳鲍，这种鲍的贝壳形似耳而薄，足部肌肉特别肥厚，味美，值得养殖推广。过去，我国对鲍资源的利用只局限于天然采捕，远远不能满足人们的药用和食用的需求量。本来，我国从北到南沿海鲍资源相当丰富，以往每年3～8月为捕捞期，而且都是采捕大鲍，产量较稳定，后来常年的酷捕，加上人们认为鲍能治百病，市场价值又高，所以不分淡、旺季，不管大小，见鲍就捕。据统计，过去一斤鲍干不超过60只，现在一斤竟达1200只左右，这样下去，后果非常严重。不少人为了寻找鲍，将沿海礁石翻得乱七八糟，并大量捞取海藻，致使鲍没有栖身之处，这样下去，鲍资源就会灭绝了，为此建议沿海各水产部门必须采取有力措施，拯救鲍资源，自觉遵守禁捕期并按适捕规格采捕。我国海域辽阔，鲍资源较丰富，要开发新渔场，开展人工养殖，满足市场需求。

# 漫话头足类

乌贼（又称墨鱼）、鱿鱼和章鱼是海洋中常见的软体动物，是人们喜食的海味品。它们体软无骨骼，因而得名"软体"。它们和陆地上的蜗牛、河里的河蚌、海边的牡蛎（蚝）是近亲，均属于贝类。乌贼、鱿鱼和章鱼的贝壳早已退化成为外套膜而残留在体内的内壳（或称蛸）。它们的足生长在头顶上，故叫头足类。乌贼和鱿鱼头顶长有10条腕足，其中三条较长；而章鱼只有8条弯弯曲曲的腕足浮在水中，渔民叫它"八带鱼"。

它们属于同一家族，虽外貌不同，但身体构造和生活习性极为相似。至于说它们都属于贝类，似乎令人难以理解，那么翻开它们老祖宗的家谱进化史来看看就清楚了。

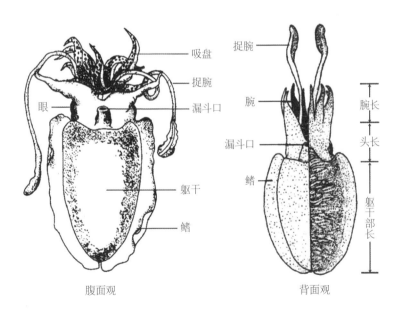

腹面观　　　　　　　　　背面观

|个| 头足类的代表生物金乌贼外形图

## 一、头足类的祖先

早在几亿万年前的中生代时期，海洋里出现了头足类的祖先——鹦鹉螺。那时，地球上尚未有鱼类，在海洋的原始居民中，鹦鹉螺占据首位，几乎整个大海成为它们的天下。鹦鹉螺背上有个大的贝壳保护身体，随着大自然不断演变，进化为"菊石"，再演化为"箭石"。其外壳也逐渐蜕变为内壳，并退化成为现今包在外套膜里面的内蛸，存在于乌贼和鱿鱼体内。可见，古老的头足类和鹦鹉螺一样生有贝壳，但现在都已经绝灭了。留下

|个| 鹦鹉螺（白明 摄）

的化石种类已发现二千五百多种，而现今生活在海洋中的鹦鹉螺只有4种，为印度洋和太平洋海区所特有的。鹦鹉螺在我国台湾、海南岛及南海诸岛海域也有分布。鹦鹉螺生活在深海里，贝壳很大，内分很多小室，充满空气，最末一室是身体居住的地方。鹦鹉螺共有90个腕足（无吸盘），其中有两个合在一起，变得很肥厚，当肉体缩入壳内，外面有盖蔽住。因鹦鹉螺有笨重的贝壳，活动不方便，平时在海底匍匐，偶尔靠它充满空气的气室漂浮游泳。游泳时，腕足全部展开，壳口向下，大多是临死时才漂浮上来，故不易捕获。科学家通过鹦鹉螺已了解到古老头足类化石的构造和生活习性，所以鹦鹉螺有"活化石"之称。可以说它是现今发现的最古老的头足类代表。在动物进化系统上，它是一种很重要的动物。显然，鹦鹉螺和乌贼、鱿鱼、章鱼本来就是同一家族的成员。

## 二、无脊椎动物之王

动物学家认为头足类是无脊椎动物演化到最高峰的一类，不仅有复杂的生理构造，而且有巨大的躯体。世界上最大的无脊椎动物要算是乌贼，迄今发现的最大乌贼王在加拿大，其体长18米，躺在地上，其腕足可伸到六层

楼的屋顶。据报道，在大海深处有30种40米长的"大乌贼王"。世界上第一条完整的乌贼王标本由一位加拿大自然学家所收存，这只乌贼长10米，是1873年在加拿大纽芬兰捕捞鲱鱼网中捕获的。最大的章鱼连同腕足长6米，重50千克，是在美国加利福尼亚州沿海捕获的。

"大王乌贼"这家族中理所当然的"头面人物"，不愧为无脊椎动物之冠。头足类的眼睛更胜一筹，眼大如斗，转动自如，没有盲点。它们的神经极为发达，粗大如绳，最粗者直径可达18毫米，比哺乳动物的神经要粗得多，所以乌贼有"海洋灵长动物"之称。

### 三、好斗的本性，善变的伎俩

头足类身体柔软，看似又笨又斯文。其实不然，如乌贼，身上有墨囊这个特殊武器装备，内含有毒素的墨汁，遇到敌害时，可以放出"烟幕弹"，迷惑对手，然后逃之夭夭。墨鱼行动敏捷，速度达36千米/时，有时能窜出水面飞腾7米高，数十米远，有"活火箭"之称。

乌贼本性好斗，国外常有报道乌贼与鲸搏斗的新闻。乌贼遇敌时，不仅长于豪夺，而且善于巧取，可谓诡计多端。乌贼取食蛤蜊的办法极为巧妙，趁蛤蜊不备时，可以将石头"扔入"蛤蜊张开的双壳中，然后从容食用。还有人发现乌贼，夜里会爬到其他鱼缸中去偷吃鱼，吃完后返回自己的缸中，以避嫌疑。

善伪装、巧打扮也是乌贼和章鱼的一大特点。它们被认为是玩弄迷彩的能手。章鱼善于伪装，能随周围环境急速地改变体色，遇敌时，攻、藏、溜，随机应变，本领实在是高超。

### 四、资源丰富，用途广泛

头足类在我国沿海分布广，资源丰富，尤其是乌贼，与大黄鱼、小黄鱼和带鱼并列成为我国著名的四大渔业。每年清明、谷雨、立夏季节，它们成群向沿海游来，栖息于岩礁海藻茂盛的地方产卵。乌贼大量密集时，往往把整个海面染成一片黑色。

头足类肉鲜味美，营养丰富，是人们喜食的海味，在西班牙和意大利有专门烹调乌贼的饭店。葡萄牙有专门加工的墨汁乌贼罐头，其与沙丁鱼罐头并列为两大重要的水产品。

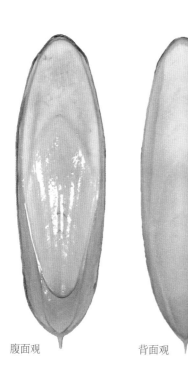

腹面观　　　　　　　背面观　　　　　|←|　金乌贼的石灰质内壳实拍图——
海螵蛸（张青田 摄）

　　乌贼全身是宝，不仅是上等海味，而且有更广泛的用途。它身上的墨汁是一种优质染料，还可作为绘制图画的好原料。乌贼骨中药称"海螵蛸"，可以入药。

　　头足类的许多生理生态特性给人们不少启示。它们游泳速度快，这与其体形及结构有关。乌贼的腹面长得柔软而多孔，孔内充满了水和空气，两者的比例可以自由调节，决定了乌贼在水中浮沉。这个简单的器官结构和原理，成为制造潜水艇升降系统的先驱。乌贼可以喷射墨汁的高超本领，使人想到军事领域中使用烟幕弹的事情，这种武器就是军火研制者在乌贼的启发下创造的。随着科学技术的发展，头足类的研究和利用将更加广泛和深入。

# 章鱼趣谈

**章**鱼、乌贼（墨鱼）和鱿鱼都生活在海洋里，它们的头和足是连在一起的，属于头足类动物。

章鱼有八只脚，而且很长，像带子，渔民们也称它为"八带鱼"。章鱼体内有墨囊，且墨汁含有毒素，可用来防御和进攻敌害。章鱼在休息时，留有一只或两只长脚"值班"，不断移动，一旦触及它的"值班"脚，章鱼就会立刻"跳"起来，喷出墨汁，然后逃之夭夭。

此外，章鱼能分泌毒液，在咬伤其他动物时，毒液从伤口毒害动物，有时甚至会咬人致命。在大洋洲南部海域，鲨鱼成群，后来发现有一种蓝点章鱼，比鲨鱼更具威胁。这种章鱼体长只有半尺左右，带褐色点环，八只脚也带褐色环，环的中央有一蓝点，色彩鲜艳美丽，若碰触了它，就完全不是那么一回事了。据报道，在澳大利亚达尔文港附近，有两个青年人在海里采捕珍珠贝时，有一人看见有只蓝点章鱼游来，于是把它抓起来，让它在臂和肩上乱爬，然后他把章鱼丢给他的同伴，章鱼在同伴肩背上爬抓一阵后，落入海中游开了。同伴上岸就说口渴，吞咽难受，在背上发现小伤口，并且流血，万万没想到竟会产生如此可怕的后果。当即送到附近医院抢救，一路上只听到伤者昏迷喃喃地低语着："就是那小章鱼，就是它……"伤者在被章鱼咬伤后仅两小时就丧命了。

章鱼还是玩弄色彩的能手，它的表皮中含有许多种不同的色素细胞，能随着环境的色彩变化而随机应变。如变色还不足以吓唬敌人之时，它就施放有毒的墨汁当烟幕，来对付对方，以便自己逃之夭夭。

章鱼是一种相当凶猛而机智的动物，它的神经极为发达，在对付敌害时可谓诡计多端，不仅长于豪夺，而且善于巧取，有人发现饲养在水族缸里的章鱼，夜里会爬行到其他鱼缸中去偷鱼吃，吃完后还回到自己的水族缸中，以避嫌疑。章鱼大多数是栖息在浅海的沙粒堆中，或是岩礁的缝隙里，当它一时找不到居处时，就会用它那灵巧的腕足搬来石头、贝壳等，为自己建"住房"。有人曾经做过这样一个实验，对一只章鱼进行了二十多小时的训练之后，它竟然会准确无误地区分长方形和正方形，还能区分出不同色彩的圆盘。更有趣的是，经过训练的章鱼，还会认识驯养它的主人。章鱼特别发达的眼睛和神经构造，已引起科学家的兴趣和关注。2010年的南非世界杯上，章鱼保罗用100%的正确率让人们忘不了它的恐怖，也让人们永远记住了它传奇般的"职业生涯"。

↓↓｜章鱼捕鲨（刘正杨 绘）

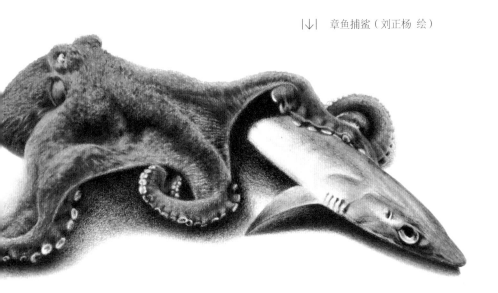

# 南海的珍珠

　　颗颗又亮又圆、光彩夺目的珍珠，人人喜爱。珍珠自古以来被人视为宝物，常与金玉相提并论。当今，珍珠串成的项链，镶嵌珍珠的戒指、耳环和别针，都是华贵的装饰品。这些闪闪发光、逗人喜爱的珍珠是如何产生的？

　　珍珠的"母亲"是一些贝类。生活在淡水里的河蚌，海洋里的鲍、砗磲、珍珠贝，都能生成珍珠。我国是世界上最早开采和利用珍珠的国家，世界珍珠市场上素有"西珠不如东珠，东珠不如南珠"的说法，可见我国南海产的珍珠是名扬天下。

　　那些貌不惊人的贝类，怎么会生成玲珑剔透的珍珠？这在科学不发达的古代是不能理解的。为此，世界上许多国家都有关于珍珠的神话。我国古代也有"千年蚌精，感月生辉"的神话故事。

　　珍珠形成的原理十分简单，当你打开一只珍珠贝，能见到贝壳里面有一层闪烁着珍珠光泽的贝层，称为珍珠层。生活在海底的珍珠贝，偶尔有沙粒或小虫子进入外套膜和贝壳之间，就好像一粒灰尘进入眼睛一样，会感到不舒服而产生眼泪。这些小东西进入了珍珠贝，如果排不出去，外套膜细胞异常增殖，形成珍珠囊，并不断分泌珍珠质，将这些小东西越包越厚，天长日久就形成珍珠。

↑　光彩夺目的珍珠

我国劳动人民很早以前就发现了珍珠形成的"秘密"，宋朝庞元英的《文昌杂录》中记载了生产珍珠的方法，并使用铅或银质的小佛像模型，成功地培育出了珍珠佛。用某一特定物质加工制成花等，引进贝体的外套膜与贝壳之间，使外套膜分泌的珍珠质沉积包裹在模型上，从而形成各种造型的珍珠。

　　海产珍珠贝喜欢温暖的海水，它们大都生活在热带和亚热带的海洋里。我国南海诸岛的大珠母贝、珠母贝、马氏珠母贝都是产珠质量好的几种珠母贝。这些贝类的生活方式与扇贝差不多，用毛状的足丝附着在低潮线以下的浅海沙质海底的岩礁、石砾或其他物体上生活。用作人工插核的珠母贝，最好是2~3龄的健壮贝类。经过插核后，珠母贝需要一个短暂的休养恢复期，然后开始分泌珠囊，放在海中养殖2年左右就可以坐收珍珠了。采珠时间最好在冬季，这时珍珠表面细致光滑，色泽好。刚从珍珠贝内取出的珍珠，圆度和色泽都不够理想，需要经过磨光、染色等加工处理，才能获得既圆又光彩夺目的珍珠。

　　大贝育大珠。珍珠的人工培育与其插核母贝的关系极大。因此，世界各国的珍珠养殖专家都采用大型珠母贝来育珠。大珠母贝就是其中之一。大珠母贝属热带、亚热带深水贝类，我国的台湾、澎湖、海南西部、雷州半岛西部沿海均有分布。大珠母贝壳高30厘米左右，重5千克左右，珍珠层厚而有光泽，呈银白色。用这种珠母贝培育的珍珠，同样具有银白色彩，既大又美观，在国际市场享有盛誉。

　　当然，培育出一颗色泽鲜艳、又圆又亮的珍珠，需要下很大的功夫，也需要有一套高超的操作技术。日本养殖珍珠历史悠久，产量最高，曾垄断整个世界珍珠市场。近年来，由于海水污染的影响，日本的珍珠年产量逐年下降。斯里兰卡也是盛产珍珠的国家，澳大利亚则以育大珍珠而闻名全球，西南太平洋的岛国所罗门以培养黑珍珠而闻名全球。

　　珍珠还是名贵的药材，主要成分为碳酸钙和多种氨基酸。珍珠具有养肝滋阴、清热化痰、解毒生肌等功效，用珍珠配制的药物，如珍珠丸、珍珠膏等，都很珍贵。

　　珍珠之所以被视为宝，还因为其来之不易。在自然环境里，每万只贝仅能采到19颗珍珠，而人工养殖每万只能采到3715颗珍珠。中国科学院南海海洋研究所和中国水产科学研究院南海水产研究所在珍珠的研究方面做了大量工作，珍珠贝的育苗等成果处于国际领先水平。我国南海诸岛的独特热带环境为培育珍珠提供了丰富的珍珠贝资源。

# 西沙海边蟹类趣谈

西沙群岛及其周围海域的蟹类，不仅种类繁多，而且色彩绚丽，形态奇特。人们称西沙群岛是海洋动物生长繁殖的乐园，的确，步入西沙群岛，活跃的螃蟹到处可见。

|个| 锈斑蟳

## 一、岛上的陆生蟹

自然界中的大多数蟹类生活在海里，只有少数种类长期在陆地上定居。西沙群岛的紫地蟹和凶狠圆轴蟹就是典型的陆生蟹。

紫地蟹体宽60~90毫米，体重可达一斤余。紫地蟹的数量较多，非常引人注目。与此相反，其"同乡"伙伴凶狠圆轴蟹的数量少，不常见到。这两种蟹的行动都极为迅速，可是当人们靠近时，它们却并无逃跑之意。紫地蟹喜群集，人们经常看到它们成群结队地沿着巨大的岩礁基部疾驰而过。

紫地蟹和凶狠圆轴蟹的呼吸器官要比其他海洋蟹类更为进化。它们的鳃叶发达，鳃腔大而空隙多，可贮存空气，供呼吸之用；围心腔储有水分，以保持鳃的潮湿，补充呼吸中失去的水分。因此，它们特别耐旱，并能长期适应陆地上的生活，无论天气多么干燥炎热，不到繁殖的时候，它们是绝无下海之意的。它们一生中的绝大多数时间住在离海边较远的岩礁缝隙和椰林内的树旁洞穴里。只有在每年雨季的繁殖期才迁移到海里去产卵，待卵孵化发育成幼蟹后，它们又从海上返回老家营陆栖生活了。

上述蟹的个体虽大，但当地渔民一般不食用，据说吃了以后会烂喉咙。是否是真的呢？至今还没有人敢于亲口尝试验证呢。

## 二、珊瑚礁里的螃蟹

西沙群岛是一群珊瑚礁组成的岛屿，水下珊瑚林立、错落纷杂，在珊瑚枝杈间和大大小小的礁石缝隙里，活跃着许多小蟹。

常见那些体呈扇形的小扇蟹，个个生得小巧玲珑，体色斑斓。当然，由于种类的多样性，它们又各具特色，自有一番动人之处：美丽的花瓣蟹和光滑花瓣蟹的头胸甲装饰着花瓣形的边缘，如同依傍着鲜花而生；轻快叶绿蟹头胸甲呈红色，螯足有绿色的环纹，红绿色对比十分强烈，又调配得那么明丽和谐；最为喜人的是一种行动迟缓笨拙的隆背瓢蟹，俨然像个舀水用的葫芦瓢，体背隆起光滑，常有棕色的云纹，当它伏着一动不动时，犹如一颗光洁可爱的鹅卵石，因而有"卵石蟹"之称。

然而，有些体表美丽的扇蟹，值得人们警惕，其体内含有不同程度的毒素。有一种鲜丽耀眼花纹的爱洁蟹，体表平滑隆起，背部为棕褐色，间有黄色斑纹。这种小蟹的毒素集中在附肢的甲壳和肌肉中，人们误食后，会出现四肢麻木、昏迷等症状，严重的还可致死。

在珊瑚礁盘的浅水里生活着很多种活泼好动的梭子蟹，它们长得仪表堂堂，灰绿色的身体配着粉红色的蟹螯，指端褐白两色分明。它们活跃好斗，遇敌受惊时，则高高举起两螯，摆出一副盛气凌人、准备格斗的架势。

红星梭子蟹

礁盘的缝隙和岸边的沙滩，是方蟹类和沙蟹类的活动天地。其头胸甲呈方形或长方形，体色单调，行动敏捷，较大的种类可食用。其中，细纹方蟹和角眼沙蟹的数量较多。它们体色多与栖息的环境一致，特别是角眼沙蟹，与海滩的沙色极为相近，不易被人所发现。这些小蟹十分机灵，只要感觉稍有异常，就迅速逃回自己的洞穴里躲避起来，得以安然生存。

## 三、浅海海底的蟹类

在礁盘深水处以及珊瑚礁以外的潮下带20~100米的海底，常有许许多多奇形怪状的蟹类频繁出没。

经常见的蛙形蟹是较原始的种类，样子不像典型的螃蟹，呈蛙形，因而得名。蛙形蟹的体表为鲜艳的橘红色，步足的直节像个扁平的铲子，除用于游泳以外，还可掘沙，使身体埋伏沙中，而眼睛和触角露于沙外窥视周围环境。此蟹的肉味鲜美，有渔民常用网捕捉自食或拿至市场上出售。

粗糙蚀菱蟹，是一种体形极不均匀的蟹类，外壳又厚又粗糙，步足却很细小，似难以支撑身体，因此行动十分笨拙。

蜘蛛蟹，是蟹类中的"巧伪人"，形似蜘蛛，身上又常附着各种海藻、海绵和从水中沉淀下来的杂质，故从外表上很难看出它是蟹类。

肝叶馒头蟹的体背高高地隆起，很像一个馒头或提包。它的头胸甲后侧缘向两侧突出，呈叶状，看起来好似披着一个斗篷。平时，它们喜欢伏居于沙砾中，将额部露在外面，伺机捕捉小动物。馒头蟹，顾名思义，它的形状与馒头相似。馒头蟹光头滚圆，色泽淡雅，制成标本观赏，那是别具一格。

但很少有人将螃蟹摆在床头或椅桌上作装饰品，也许是因为它们其貌不扬、色彩不佳之故吧。其实，螃蟹家族中也不乏珍稀之类。有一种艳红椭圆的馒头蟹，就是罕见的且有观赏价值的蟹类。

为什么馒头蟹形状这样奇特呢？原来，它们生活在热带、亚热带布满沙砾的珊瑚礁海底，五颜六色的鹅卵石很多，是馒头蟹栖息的好场所。在漫长的生存竞争中，它们使身体变得与周围环境相似，甲壳上的斑点形成像一块粘满沙粒的卵石，以便躲避敌害，更好地保护自己。这样，它们就可以无忧无虑地生活了。

馒头蟹在海底世界里有天敌吗？章鱼特别喜欢盘缠石块，它们总是利用石块为"掩体"来攻击猎物。这样，伪装成石块的馒头蟹便免不了落入章鱼的魔爪。为了逃避厄运，馒头蟹也常利用"地形地物"巧妙地避开对手。平时，它们在晚间东奔西走，不停地捕食，一到白天，它们便成群结队地爬上海底沙丘顶部俯身不动了。这时，若有章鱼窜过来，它们便伸出一只大螯，将身体向一边倾斜，用一侧步足迅速扒着沙子，顺斜坡滚动，在一片"飞沙走石"之中立即消失得无影无踪。

## 四、与其他动物共栖的蟹类

在西沙群岛可以看到许多小蟹，它们的个体很小，猎食能力弱，依附于某些无脊椎动物营共栖生活。

常见的有一种名叫梯形蟹，这种蟹总是和珊瑚虫一起生活，它们互助互利，各得其所。珊瑚虫为它们提供良好的居室和隐蔽的场所，而这些梯形蟹是以藻类为食物的，它们每天能为珊瑚虫除去有害的藻类。一旦珊瑚虫死去，梯形蟹便迁居他方，重新寻找一个宿主。梯形蟹的种类很多，可按不同的色彩和花纹而区分。它们和珊瑚的共栖，不同的梯形蟹寻找各种不同的珊瑚为宿主，如毛掌梯形蟹与杯形珊瑚、石蚕珊瑚共栖，网纹梯形蟹、红斑梯形蟹、灿烂梯形蟹等也各自与不同类型的珊瑚结为共同生活的伙伴。梯形蟹的步足指节及颚足上有浓密的刷状刚毛，用以抓住宿主，过滤食物，还用来消除口器上的污物，犹如人们天天用牙刷刷牙一样。

在密丛的珊瑚礁中有一种奇特的袋腹珊隐蟹，它们居住在珊瑚的"礁囊"内，必须敲开珊瑚才能找到它们。这种蟹身体柔软，表面光滑，呈黄褐色或淡黄色。雌蟹的腹部薄而软，产卵之前，腹部充满了卵粒，整个腹部长大呈圆袋形。卵受精后能分泌一种化学物质侵蚀珊瑚骨骼，形成"礁囊"，把雌蟹终生包在囊内。此"礁囊"没有向外通道，孵化出的幼体可以从未关闭的小孔溢出。

有一种体宽仅10毫米左右的五角海胆蟹，常与毒刺海胆共栖。采集这种小蟹时要特别细心，若不慎，就会被毒刺海胆蜇伤而中毒。五角海胆蟹借助毒刺海胆充当保镖，若其他动物想要伤害隐居在毒刺海胆中的小蟹，那是凶多吉少。这正是五角海胆蟹在此藏身的奥秘。

身体似京戏花脸的紫斑光背蟹，常躲在大海参的触手间过着安详的共栖生活。但这种具有游泳器官的小蟹，为何会躲在大海参的触手间生活，令人费解。可能是它取食海参吐出来的残渣，而海参从它身上能取得何物？有待生物学家进一步观察和破解。

在南海诸岛有许多种体形娇小的蟹类，这些小蟹常常生活在珍珠贝、牡蛎、砗磲等经济贝类的外套腔内，以其分泌物质及藻类为食，在很多时候，它们不仅分食宿主食物中的浮游植物，而且由于它们在贝类器官上活动，影响贝类的正常生长和发育，故为贝类养殖中的一害。它们的危害性不可低估。

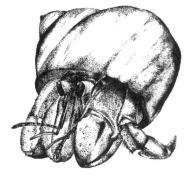

寄居蟹（刘正杨 绘）

## 五、爬椰树偷吃椰子的蟹

我国海南岛和台湾地区的热带椰林里，有一种能专门爬上椰树吃椰子而著名的椰子蟹。它们能爬上高大的椰树上把坚硬的椰子壳打开，津津有味地摄食椰子肉，这一奇妙本领确实罕见。

椰子蟹其实不属蟹类，它与寄居蟹是同一家族，形状长得有点古怪，体形大，长度在16厘米以上，身体表面有波状的皱纹，很像成熟的椰壳，又专食椰子，故得名"椰子蟹"。椰子蟹头胸甲的鳃特别大并有丛脉管，用于呼吸空气。椰子蟹有两个强壮有力的大螯足，左螯大于右螯，形似老虎钳，有点吓人，是打开椰子壳的主要武器。步足越往后面越小；第三对步足较特别，末端呈螯状；第四步足很小，隐伏在鳃腔里。这些特殊的构造，使它能快速地攀爬上椰子树。

椰子蟹平常在陆地上生活，繁殖季节才回到海里，幼体在海水中发育成长后爬行回椰林里。

椰子蟹从来不寄居在贝壳里。它们的腹部表面有石灰质薄板，略不对称，不像寄居蟹那样柔软而弯曲。椰子蟹长得和寄居蟹还是相同的，均属歪尾类，所以说椰子蟹是介于虾和蟹之间的过渡类型，更接近于蟹类，但不是真正的蟹类。

椰子蟹常生活在陆地洞穴里，并在晚间人静时爬上椰子树觅食椰子。由于椰子的脂肪含量丰富，故椰子蟹肉味鲜美，腹部脂肪多，尤其是它的八只足，特别好吃，味道又独具椰香味。

## 六、不是横行的和尚蟹

这种蟹的头胸甲背面是隆起而光滑的，像个和尚头，所以叫"和尚蟹"。这种蟹在南海沿岸的沙滩上到处可见。在阳光照耀下，和尚蟹带粉红色和浅蓝色。它们常常成群结队，退潮后徘徊在潮间带的沙滩上。和尚蟹有一个显著的特点是向前直爬，而不是横行的。和尚蟹常被某些海鸟和鱼类所捕食。

## 七、招潮蟹（提琴蟹）

招潮蟹的显著特征是雄性蟹的右螯特大且长，看上去像在拉提琴，所以在国外有称它为提琴蟹。有些招潮蟹的右螯远远大于它的身子，这只强大的右螯色泽鲜红耀眼，还是其强大的防御武器，可挡住洞口，抗拒敌害的入侵。

招潮蟹会随时间而变化体色，白天体色变深，晚上变浅。招潮蟹还会随月亮的变色而调整摄食时间。每日随潮水的涨退改变它的行动，当大海涨潮时，它退回洞里，退潮后立即出洞，沿海人们往往可以根据其颜色和行动的变化而测知潮汐的时间，所以又称它为"招潮蟹"或"望潮蟹"。招潮蟹广泛分布在我国辽东半岛以南至南海之滨的沙滩上，是一类数量很大的小蟹，常可见到。

# 对虾的奇趣佳话

对虾是大家都很熟悉的鲜美海产品，在我国一直被称为"八大海珍品"之一。对虾须长腰弯，烹熟后体色透明鲜艳，每逢喜庆佳节，对虾必是宴席上的佳肴。

对虾的名称是怎么来的呢？原来，这种虾过去在我国北方市场上常以"一对"为单位向顾客出售，于是人们就称之为"对虾"，一直流传下来沿用到现在。

对虾在分类学上属于节肢动物门、甲壳纲动物。它们种类不多，有20多种，但分布很广，几乎存在于世界各处的海域。自然界中，弱肉强食，对虾算是"弱肉"了。对虾的天敌很多，它是许多食肉性鱼类的主要饵料，海鸥、

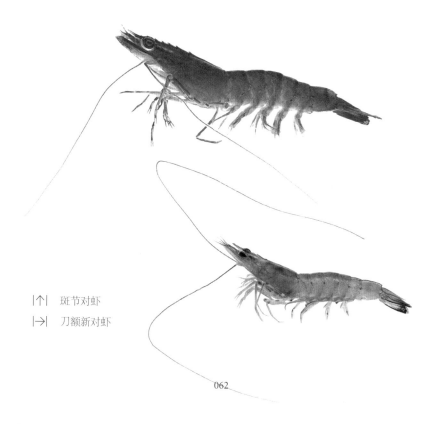

|↑| 斑节对虾
|→| 刀额新对虾

鸬鹚等见到它也不会放过。对虾的存活完全是依靠其惊人的繁殖能力。

说也奇怪，刚刚出生的虾宝宝一点都不像它们的父母，它们光着六条"大腿"一刻不停地踢腾着，好像在水里跳舞的小蜘蛛。在夜晚，如果用手电筒向水面照去，这些小宝宝一下子就会游集在光的周围。它们此时被称为无节幼体。经过六次蜕皮变态，小家伙们不断成长，变得像小蜻蜓了，这时名叫溞状幼体。它们头顶长有尖尖的额角，一双眼睛炯炯有神，以摄取水中微小的单细胞藻类为食。由于囫囵吞食，尾部常拖着一线长长的粪便。一星期内，它们又进行了三次蜕皮，此时的面庞和体形酷似小型的甲壳动物糠虾，所以也叫糠虾幼体。糠虾幼体初具虾形，头重尾轻，但手足灵活，开始捕食小型动物为生了。又经过了整整六个昼夜、三番脱胎换骨的改变，终于变成同父母样子的仔虾。对虾一边生长一边移向深水域生活，再经过无数次蜕皮，到当年的秋末冬初便长成大虾。

对虾长有螯足，全身披着一节节的薄而坚韧的甲壳，加之身材"魁梧"，显得威武神气，因此在一些脍炙人口的神话故事里，常常把它们描写为一群全身披挂盔甲、手执兵器、日夜巡游守卫在龙宫里的勇士。

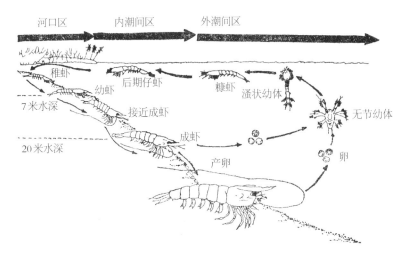

|↑| 斑节对虾生活史

# 威武的龙虾

西沙海域盛产龙虾，这里的龙虾色彩艳丽，以杂色龙虾最为出名。龙虾生活在温暖的海洋里，外貌看起来非常凶暴，长得又粗又大，全身披着坚硬的甲壳，还长着很多尖锐的刺。龙虾具两条密布棘刺的棘鞭、五对粗壮的脚，一展开来，有些像神话里描述的一条凶龙，令人望而生畏。其实，龙虾并不是那么凶猛可怕，它们行动相当迟缓，看起来显得笨拙，在海底爬行。除了身上那些棘刺外，再也没有什么可以吓唬人的"武器"了。

它虽然号称龙虾，实际上却不是真正的虾类。虾类的身体多为左右侧扁，腹部长大，游泳足发达，适于长距离的游泳；而龙虾的背腹稍为扁平，腹部短小，游泳足退化，基本上失去游泳能力，雌虾仅以足作为抱卵之用。从体形特点和习性来看，龙虾倒有些像蟹类，但它和蟹又不同。蟹的腹部已退化成薄薄的一片，俗称"脐"；龙虾的腹部虽小，却是伸直的，而且有一个宽大的尾扇。可见，龙虾像虾非虾，似蟹非蟹，是介于虾和蟹之间的甲壳动物。

我国东南沿海已发现龙虾约8种，大多分布于广东、福建和浙江沿海，台湾岛和西沙群岛海域的龙虾资源相当丰富。最大的龙虾是锦绣龙虾，色泽奇丽，能长到十多斤重。龙虾喜欢栖息在十几米到几十米深的海洋礁石缝隙、乱石堆、珊瑚丛及两端有开口的隧洞之中，而这些洞穴是洞洞相通的。

龙虾的繁殖季节在夏、秋季之间，在东南沿海，一般5月份可见到怀卵的雌虾，渔民称之为"开花龙虾"。龙虾的体躯虽大，但卵粒小得很，只有芝麻粒的1/10大小。一只体长一尺左右的雌虾，怀卵量可达几十万粒甚至一百多万粒。龙虾孵出的幼体要经过多次蜕皮变态，其幼体形似压扁的蜘蛛，薄如叶片，故称叶状幼体，与其"父母"毫无相像之处，可在海上漂浮达半年时间，其中有些适应不了海洋环境的变化而被淘汰，还有一部分成为海洋中其他动物的饵料。即使侥幸生存下来的幼体，在蜕皮变态、生长发育过程中也有夭折的可能，最后定居在海底的就更少了。

龙虾白天常潜伏在海底岩礁的缝隙里，喜欢夜晚出来活动和觅食。龙虾头部的触角基部有一特殊构造，稍有惊动，就发出"吱吱"声响，用以警告敌害。据观察，这种声音有时也是寻找配偶的信号。每逢秋季，在海底可以观察到龙虾的迁移情景，许多龙虾群集在海底有条不紊地列队爬行，它们首尾相接，一只挨着一只，似一字长蛇阵，在爬行的旅途中，不断有新伙伴加入行列中来，使其队伍越来越长，有时候由五六十只龙虾组成，真可谓海底奇观。

龙虾有厮斗的恶习，常攻击活动性不大的鱼类，所以不能与鱼类混养，免得鱼受其害。龙虾食量大，耐饥力很强，半个月不进食也饿不死。龙虾性贪食，渔民常用小鱼来诱捕。我国捕捉龙虾的历史悠久，四季均可捕捞。一般用网捕，龙虾碰到网便被缠住；也有用特别的虾笼来捕的。

龙虾的肉比较厚实，可食部分约占体重的60%，且蛋白质含量较高，磷的含量也很丰富，味道鲜美，是名贵的海产品。此外，由于龙虾的姿态威武，加上美丽的自然体色和独特的斑纹，由龙虾壳制作的工艺品深受人们喜爱。

近年来，我国龙虾的养殖及捕捞生产发展很快，龙虾成为我国东南沿海重要的渔业资源之一。西沙群岛海域是有名的龙虾产地，资源丰富，大有发展前途。

|↑| 中国龙虾

# 海洋中的怪物——鲎

鲎是暖水性动物。据记载，鲎的种类不多，全世界现存的仅有5种，分布在热带、亚热带海域。鲎在动物学分类上属于节肢动物门，与蜘蛛是同一门类。原来这个"怪物"与蜘蛛有亲缘关系。我国所产仅有一种中国鲎，也称三刺鲎，分布在长江口以南的海域。中国鲎的头胸甲坚硬，雌性个体大于雄性。一般来讲，雌性的头胸甲长约40厘米，体重约9斤；雄性的头胸甲长约30厘米，体重约4斤。从外表来看，鲎既像蟹，又像蜘蛛或蝎子，或者像三者兼而有之。鲎的头部呈马蹄形，尾巴似长剑，坚硬有力，整个身体为褐色，披着发亮的硬壳，恰似全副武装的卫士。

鲎生活在沙质的海底，有时用头胸甲的锐利后缘将自己潜埋于浅海泥沙中。鲎可用粗壮的步足爬行和挖掘泥沙。鲎常以底栖动物（如贝类）及固着生物为饵料，也吃动物的尸体。鲎大多时间营底栖潜居生活，有时也靠附肢在水中游泳，一到暮秋季节，成群的鲎游到深海越冬。鲎的个体较大，有些地区的渔民称之为王蟹；又因为它们总是雌雄性在一起，形影不离，相依为伴，故也被称为海底鸳鸯。渔民在捕虾起网时，发现母鲎一旦落网，公鲎也总是乖乖地与母鲎一起双双就捕。人们在海滩上捕捉产卵鲎时，情形也不例外。

农历五月前后是鲎的繁殖旺季，此时，鲎成群结队地游到海滩上产卵，雌性在前，雄性在后，成双成对。每当大潮汛、刮西南风时，鲎的数量最多。每次产卵时，雌鲎掘穴2~4个，将卵产于穴中，每穴产卵100~600粒。卵为圆球形，淡黄色，穴中的卵由于海水涨落而被泥沙盖没，借助阳光的热量进行孵化，约经40天，小鲎破壳而出。每只鲎一生蜕皮10多次，要8年之久才达到性成熟。

|↑| 鲎（刘田 摄）

## 一、默默无闻的"活古董"

鲎是一种古生物，说起来它确实是个"活古董"。早在四亿多年前，当恐龙尚未崛起，原始鱼类还没有出现，鲎已问世了，大海曾经成为它们的王国。虽然大自然经过翻天覆地的变化，但是鲎自古至今历经严峻的考验，没有被恶劣的环境变迁而淘汰，而是一直生存下来，且保持着它四亿年前的怪模样，所以鲎被称为活化石。

## 二、当今仿生学上的"明星"

过去，人们对鲎没有多大兴趣，一向视其为贱物。这类动物长相古怪，据说古时候人们还不知道鲎是何物，不敢去抓它，更谈不上食用。后来发现，鲎的肉和卵很好吃，用它的头胸甲还可制成粗陋的水勺，除此之外，鲎仍很少被人重视。

随着科学的发展，一向不引人注目的鲎，近年来已成为科学研究的珍宝。自从鲎的眼睛特殊视觉构造被发现后，全世界瞩目，它已成为海洋仿生的一颗"明星"。

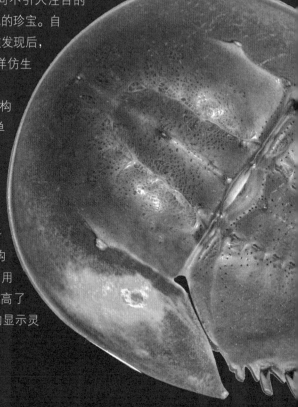

鲎有四只眼睛。眼睛构造较奇特，前面长着两只单眼，对紫外光很敏感。头胸甲两侧有一对大复眼，复眼里有上千只小眼，可以加强所看图像的反差，使模糊的形象变得清晰。于是，人们根据鲎眼的特殊构造，利用侧抑制原理，应用于电视和雷达系统中，提高了电视成像的清晰度和雷达的显示灵敏度。

### 三、特殊的血液、奇特的贡献

鲎的另一奇迹是因它的特殊血液而声名大噪。在20世纪50年代中期，美国科研人员无意中发现鲎死在海滩上，身边淌着一滩蓝色的血液，奇怪的是，在炎热的阳光下已几天都没有腐臭。这一现象引起一位名叫勃恩的医师的兴趣，他给鲎注入革兰阴性细菌，发现鲎血变形细胞中的一种酶，使可溶性蛋白质发生凝胶反应。

勃恩的这个偶然发现，对于保证人们用药安全有着极大的意义。因静脉注射用药都要进行热原检验，如果药物中有致热物质，注射后会发生严重的不良作用，甚至有死亡危险。过去，对药物有无热原反应，都是用兔子来检验的，时间长又麻烦，而且误差大。用鲎血制成的试剂来检验热原，其灵敏度比家兔热原检验高出10倍，具有快速、效果好、简易、能在普通实验室内进行等优点。只需把微量鲎血滴入要检验的药物内，若很快有凝胶化反应物，就证明有热原，不能作静脉注射或生物注射用；相反，无凝胶化反应物的药物就是无热原，可放心应用。鲎试剂已应用在药物检验、临床医学诊断甚至推广到食品和环境卫生检验中。

### 四、保护资源、发展养殖

由于鲎的奇特贡献得到各国科研人员的注目，导致鲎血的来源出现紧张现象，鲎的资源量在不断减少，所以很多国家发出保护鲎资源的呼吁。

鲎曾经历过大规模的生物灭绝而存活到现在，但它们并不是无敌，它们面临的最大灾难来自人类，数量多达15%的鲎死于取血过程中，可能还远不止这个数；在某些鲎的产区，回归产卵的雌鲎越来越少。随着科学的不断发展，开始有研究鲎的生长习性和分布情况，并进行人工饲养，同时对其生理生态作深入研究。养鲎场无疑是一座活的鲎血库。此外，一些研究者已经开始在实验室中合成鲎血的替代品，合成替代品会让我们不再依赖这些远古生物的血液。

|←| 鲎（刘田 摄）

# 漫话海蛇

蛇属于爬行类动物,分布广泛。蛇的形状古怪,有些品种性格残忍,尤其是毒蛇,能咬人致命,令人望而生畏。

海蛇呢?海蛇从何而来?在蛇类演化早期阶段,地球上曾出现过巨大的海蛇,它们只存在很短的时间就灭绝了,留下为数不多的化石作为旧日曾经在世的见证。在距今七千万年至两亿三千万年前的中生代晚期,两栖类动物中的一部分告别了水,完全在陆地上定居了,从而进化为爬行类动物——蛇。有部分蛇却依然怀恋故乡,再一次返回它们古老先辈的摇篮,成为我们今天所说的海蛇。

## 一、历史最久的海蛇

有一种生活在海洋中的最古老的海蛇,是罕见的无毒蛇类,叫锉蛇。锉蛇生活在北起菲律宾岛、南到大洋洲北部、西到印度洋海岸的广大海域。锉蛇个体小,长度不超过1米,体黄褐色,表面有细粒状鳞片,肌肉松软,血管和呼吸的生理机能特别适于水中生活。锉蛇潜水时的心跳每分钟只一次,可在水中潜伏长达5小时之久,此时靠皮肤呼吸,它的唇部组织及鳞片能把嘴封得滴水不漏,下颌部有盐腺体,调节体内的盐分,使它适应长期在海洋中的生活。锉蛇现在已经十分少见了。

## 二、漫话当今的海蛇

目前已知的海蛇共有16属50多种,是海生爬行类大家庭中为数不少的一员,它们遍及太平洋、印度洋等热带地区的近海,而且数量很大。

海蛇与陆生蛇本是一家,与陆生的眼镜蛇有亲缘关系,后因自然环境的变迁而被迫下水,其身体较陆生蛇侧扁,蛇尾扁平似船桨,成为有力的游泳器官。海蛇有两个特别的鼻孔,长在吻上端,鼻孔内有瓣膜可启闭,能防海水从鼻腔进入体内，只要稍稍离开水面即朝上开启，就能呼吸空气，之后可潜水较长时间。另有盐腺体可把体内过多的盐分排出体外。海蛇的鳞片小，皮肤比陆生蛇厚，能防海水浸入。海蛇具有趋光和集群的习性，常常成百上千条集聚在一起顺流漂游。据报道，马六甲海峡曾出现过一次海蛇集群的壮观情景，海蛇排成3米宽、60海里长的"一"字长阵，队伍浩浩荡荡，其场面相当惊人。

↓ 海蛇（乔轶伦 摄）

海蛇能用毒液杀死猎物，并能吞食与自己差不多长的动物，完全咽下时，自身也拉长变形，几乎无法游动。有些海蛇喜捕食有毒刺的鱼，即使海蛇身体被毒刺穿通了，也像无事一样。海蛇吃鱼一般从鱼头开始吞下，免受鱼鳍卡住喉咙的危险。海蛇有时还能袭击较大的动物，海洋中的霸王鲨鱼见到海蛇也退避躲开。

海蛇一般为胎生，一胎能产6条小蛇，小蛇一出世便能游水生活。两栖海蛇共有5种，它们常常爬到岸边阴凉的岩石上栖息，在产卵季节常成群结队到海岛上产卵。

我国已知有海蛇15种。每年春夏之交，海蛇从外海游向沿岸。海蛇有趋光习性，每当夜晚船上灯光明亮，它们就纷纷游向灯光下聚集，我国沿海渔民常利用灯光来诱捕海蛇。长期在南海诸岛海域作业生产的渔民，发现有海蛇集群的地方，往往是鱼类密集的地方，所以利用海蛇来估计鱼类的多少而进行渔业生产。

## 三、海蛇性情温和

海蛇的毒液属于最强的动物毒，其毒性相当于氰化铜毒性的几十倍，难怪它比"毒蛇之王"的眼镜蛇还要毒。海蛇虽毒，但性情相当温和，若不刺激它，它很少对人发起主动攻击。美国学者约翰·克朗普顿有过一个有趣的记载：曾经有一艘轮船在巴拿马运河太平洋一侧的外海停泊，船上有一个人向海岸游去，当他游到半途时，竟然发现自己游到成群的海蛇中间，尽管碰上了海蛇，但海蛇根本没有理会他，更没有给他带来任何伤害。我国渔民在海上作业时也常与海蛇打交道，很少发生被海蛇伤害的事例。

在印度和斯里兰卡等国家，每年被陆生毒蛇咬伤致命的人很多，那些地区的渔民十分害怕陆生毒蛇，可是他们从不怕海蛇，每逢渔网中混杂了海蛇，他们总是漫不经心地随手放回海中。

海蛇性情温顺，很少伤人，两栖海蛇的性情更是温和，可以任人摆布。淡水蛇和海蛇不大相同，淡水蛇的毒液虽然毒性微弱，可是它们性格很凶暴，是好斗分子。

## 四、传说中的大海蛇真相

海洋中有蛇是事实，可是有些人把海蛇说得神乎其神，把它说成几十米甚至几百米的大海妖。据说看到的人还不少，曾有目睹者还特地把它写进了航海日志，事实究竟如何？至今还是个谜。因无真实凭据，所以许多海洋生物学家认为看到的很可能是深海中的大王乌贼。大王乌贼体长可达三四十米，腕足有十多米长，在水里若隐若现，所以被误认为是几十米甚至夸大说成几百米的大海蛇。

海洋中是否有真的大海蛇？只有抓到它才能证实。目前已知的海蛇最长不超过3米，个体一般较小，常见的体长在1米左右。

## 五、海蛇的药用价值

海蛇的肉味鲜美，具有较高的经济价值，在我国广东和日本等地是宴席佳肴，而且有滋补壮身的作用。用海蛇浸泡的药酒，有祛风活血、止痛等功效，对治疗风湿性关节炎、慢性腰腿痛等效果明显。海蛇的胆具有行气化痰、清肝明目的功效，对治疗气管炎、痰热咳嗽等有效。海蛇含有丰富的脂肪，可加工成海蛇油，用于治疗冻伤、烫伤、皮肤皲裂等。将蛇皮烧成灰粉，用油调敷外用，能治疗各种顽固性皮肤癣。海蛇毒是一种重要的生化物质，在科研和医疗上用途广泛，价格昂贵，国际市场上供不应求。可见，海蛇全身是宝，是海洋中重要的药用动物之一。

# 珍贵的海洋动物——海龟

|←| 绿海龟标本

海龟是珍贵的海洋动物，属于大型的海生爬行类。在全世界200多种龟类中，仅有7种栖息于海中，在我国西沙、南沙群岛常见的有4种，即海龟、蠵龟、玳瑁和棱皮龟，统称为海龟。体形最大的是棱皮龟，体长达2米之多，最重者达500多千克，可算是"龟中之王"。海龟自破壳而出之日起，便开始过着旅行洄游的生活，被称为"著名的海洋旅行家"。海龟生活在热带海洋里，有时随着暖流游到温带海域，但不在温带产卵繁殖。我国黄、渤、东海有发现海龟的踪迹，算是随暖流北上的"游客"。当生殖季节到来之时，在大洋中旅游的海龟即使远在千里之外，也要三五成群从四面八方回到故乡交配产卵。

## 一、繁殖后代，重返故乡

南海诸岛气候炎热，岛上的热带林木终年郁郁葱葱，岛的四周有沙带环绕，这里是海龟繁殖的优良场所，每年4月至7月是海龟繁殖的旺季，那些尾巴长长的雄龟和短尾巴的雌龟，成群结伴回到它们的故乡，互相追逐嬉戏，寻找配偶，繁殖后代。

初夏的夜晚，格外清静，雌海龟随着上涨的潮水慢慢地游近岸边，用四只鳍状的肢，笨拙而蹒跚地爬上沙滩，寻找适宜产卵的地点。这些行动迟缓的海龟，在产卵建巢时却显得十分灵活，它们在建造巢穴时"警惕性"很高，外界稍有动静，就立刻转头奔向大海，另找适宜地点。

生殖季节到了，成熟的海龟们首次踏上返回故乡的征途，来到出生地生儿育女，从索食场到繁殖地是相当遥远的，人们用标记标在海龟身上研究它们在海里的行动情况，发现它们并非任意漂泊游荡，而是向着目的地前进。在茫茫的大海中，海龟是怎样认识归途、返回故乡的呢？有人认为它可能同某些洄游性鱼类一样，依靠体内"生物钟"，根据太阳的位置，利用地球重力场辨识方向，同时能参照海流和不同时期的水温来校正航向。南海诸岛的海龟类每年能准确无误地返回原产卵地，哪怕这个产卵地是一个全长仅有几千米、在大海上如"沧海一粟"的小岛，这不能不令人惊奇！海龟的"生物钟"为何如此神奇？现在还是个谜。

## 二、辛苦的产卵之夜

经过长途跋涉的海龟回到了故乡，它们小心翼翼地"登"上海滩，而且格外谨慎，略有风吹草动，灯光人影，就立即返回大海，因为许多猎手和某些野兽往往在这期间等待捕捉登陆产卵的海龟或挖食龟卵，海龟一旦在陆上被掀得腹面朝上，就只能束手待毙。此时的海龟，警惕性特别高。

有人调查过上陆的251只雌海龟，因种种原因上岸后立即返回海中的就有102只。当然，它们迟早还要再次上陆，最短的只隔半个多小时，最长的间隔一星期；如再次受到刺激，它们还会再次入海。有的海龟从19点到24点，4次重复上陆；有的海龟一个晚上在沙滩上留下8条上岸的足迹，只有当它们确认万无一失时，才步履蹒跚地爬上沙滩，寻找适宜的产卵地点。海龟选择产卵地点非常认真，既要有利于卵的孵化，又要不易被敌害发现和破坏，所以花费的时间很长。海龟从上陆到重返海洋的整个产卵过程，平均需要95分钟，其中选择适宜地点和清理场地就要占用1/3的时间。

海龟历经辛苦，选好了产卵地点，马上用它巨大的鳍状前肢挖出一个宽大的沙坑作为"产房"。将身体隐伏于坑内，然后交替使用两后肢在生殖孔下方挖一个垂直的卵坑，有半米多深，顺利时用不了10分钟就可挖好，遇上卵坑塌陷或沙中有瓦砾等物，就要用很长的时间去整理。

海龟产卵，每隔4~10秒钟产一次。有趣的是，当海龟在排卵高潮时，即使被人发现了，甚至有人大声地谈笑，或者用手电筒照射，它也一概置之不理。海龟产卵分几批进行，每次排卵能产下100个左右。排卵结束，海龟能巧妙地用后肢拨沙将"产卵坑"填平埋好，并在表面设置好一些伪装后，便拖着疲劳的身体爬入海中。埋在沙中的卵，借助阳光的热量和沙中的湿度进行孵化，约经60天，幼龟便破壳而出，纷纷钻出覆盖的沙层向大海爬去。

### 三、海龟世家，由陆至洋

海龟和陆生龟是一家，最早也生活在陆地上，它们的祖先问世大约在距今2亿年前的三叠纪，中生代为其繁盛期，以后逐渐衰落。现存的海龟类与其祖先已不完全一样，牙齿逐步消失，代之以角质化的嘴来咀嚼食物，身体结构也与现存的陆生龟和淡水龟有差异。陆龟个体小，行动特别缓慢。海龟

长期适应海洋环境，在眼窝后面有一排盐的腺体，能把体内过多的盐分通过盐腺排出。爬行的脚已变化成为鳍状，四肢形似船桨，以适应在海洋中远游和旅行。海龟的性情很温和，主要以鱼、虾及海藻类为食物。海龟一直被尊为动物中的彭祖。事实上，确有一些龟能活一个世纪以上，并在受到严重的伤害后仍能生存下来。

海龟必须爬行到沙滩上产卵，这种唯一的繁殖方式是使海龟面临灭绝威胁的原因之一。

## 四、保护海龟，增殖资源

海龟类是经济价值较高的海产动物，其肉味鲜美，卵香滑可口，营养丰富，是上等食品；龟板（海龟的腹甲）可炼制成龟板胶，是高级补品，对肾亏、失眠、肺病、胃溃疡、高血压病、肝硬化等有一定疗效。其油、血等均能入药。玳瑁的角板是名贵中药，有清热解毒的作用，并可加工成工艺品。

海龟成为世界各国渔获物中的上等品，随着海洋产业的发展，海龟数量不断减少。目前对海龟危害最大的是人类，人们不仅捕杀产卵龟，而且大量渔猎成体龟。全世界每年捕杀的海龟达上百万只。加勒比海域曾栖息着约5000万只海龟，现在仅剩下1万只左右。为了赚钱，有的人甚至残酷地活剥玳瑁的壳，再将其放回大海，以为它的壳能够再生，可以多次捕获利用，这使得大量玳瑁死于海底。由于猎捕过度，不少海龟濒于灭绝。尽管有关国际条约规定要对海龟加以保护，但捕获海龟的数量仍在增加。

近年来，西沙群岛的海龟大量被捕，龟卵也被挖出来煮食，这种"杀鸡取卵"的做法实在可恨。有关部门应采取有力措施宣传保护海龟资源，禁止挖取海龟卵，保护幼龟，在海龟常出入的地方禁止放网，禁止捕捉产卵龟、交配龟。另外要充分发挥西沙海域养殖海龟的优越条件，进行人工养殖和人工孵化，放流幼龟，增殖资源，确保海龟资源的稳定和逐渐增长。

# 南海诸岛丰富多彩的鱼类

南海诸岛地处热带海域，具有典型的热带海洋性气候，这里的海水透明度大，盐度和温度都较高，海流复杂，季节变化明显。珊瑚礁发育良好，各种藻类和无脊椎动物生长繁茂，珊瑚礁以外便是辽阔深邃的海洋，这里栖息着许多的珊瑚礁鱼类和大洋暖水性鱼类，形成了优良的渔场。西沙群岛海域的鱼类有500多种，主要分为两大类，介绍如下。

## 一、丰富多彩的珊瑚礁鱼类

每个珊瑚礁都有一个宽阔的礁盘，它们延绵数千米，有的甚至可达10千米以上，涨潮时礁盘上水深2~5米。礁盘表面坎坷不平，复杂多变，礁

池、沟槽、瓯穴遍布，礁盘外缘是急剧下降的斜坡，分别有水深15～25米、40～60米的相当宽阔且较为平坦的"水下阶池"。

礁盘上海水明净，清澈见底，各种类型的珊瑚群体蓬勃生长，千姿百态，绚丽异常，各种奇异艳丽的贝类、海胆、海星、海绵、多毛加之类等无脊椎动物以及各种海藻生长与活动，构成了五彩缤纷的珊瑚礁海底世界。

珊瑚礁这种复杂的自然环境，为鱼类提供了优越的生活条件。珊瑚礁鱼类具有种类繁多、生态类型复杂以及形态多样的特点，其中许多种类具有鲜艳的色彩、奇特的外形、厚而坚实的皮肤和发达强硬的鳍棘。

据目前的调查，西沙群岛珊瑚礁鱼类有300种以上。其中，隆头鱼科、雀鲷科和蝴蝶鱼科的种类最多，其次为刺尾鱼科、鹰嘴鱼科、海鳝科、鳞鲀科和羊鱼科。种类较多的还有笛鲷科、鳂科、裸颊鲷科、鰕虎鱼科、篮子鱼科、石鲈科、天竺鲷科、鲀科等。

珊瑚礁鱼类的生态习性丰富多彩，它们能对复杂的珊瑚礁环境采用各种适应的方式。现根据其运动能力、栖息和摄食等习性，可以把珊瑚礁鱼类大致分为五个生态类群：

（1）活动性强的中、上层鱼类。如条纹刺尾鱼、栅纹眶棘鲈以及豆娘鱼的某些种类，它们在礁盘的中、上层自由游动，活动范围较广，但一般不超出礁盘的范围。还有一些平常生活在珊瑚礁附近海区的中、上层鱼类，涨潮时也进入礁盘索饵，如某些颌针鱼、银汉鱼以及鲨鱼等，它们敏捷迅速地活动于礁盘水域，追赶捕食其他鱼类及无脊椎动物。

（2）在近底层活泼游泳的鱼类。属于这一类群的种类较多，如蝴蝶鱼、海猪鱼、尖嘴鱼、锦鱼、刺尾鱼、鹦嘴鱼等。它们在珊瑚礁近底层自由地游动，一般具有侧扁的体形，能在珊瑚丛和礁隙间自由出入。它们大多数具有鲜艳的色彩和复杂的花纹，如蝴蝶鱼，形似美丽的蝴蝶，在珊瑚丛中翩翩起舞，这一类群是美丽的热带珊瑚礁鱼类的典型代表。这些鱼类食性广泛，有的种类摄食底栖无脊椎动物，有的则主要以海藻为食，还有些鱼类啃食珊瑚，如鹦嘴鱼，它们具有坚硬的板状切齿，能将珊瑚咬碎而摄食虫体。这些鹦嘴鱼平常栖息在礁盘外的较深水层中，涨潮时则成群地游入礁盘啃食珊瑚，是珊瑚礁的破坏者。

（3）隐居在礁洞、凹穴和零星石块下的鱼类。这一类鱼在珊瑚礁中相当多，如海鳝、石斑鱼、笛鲷、鳞鲀等，它们大部分是肉食性，而且不少种类属于捕食其他鱼类的凶猛种类，与之相适应的是，大多数种类具有宽大的口裂和强大的牙齿。

（4）底栖鱼类。这些鱼附着在水底基质上或隐埋在泥沙中，极少活动，如深鰕虎鱼、凹吻鲆等。它们翻掘水底的沉积物，以寻食其中的小生物或有机碎屑。有的鱼类（如玫瑰毒鲉等）常将身体隐埋在沙中，伺机捕食从身旁经过的小动物。

（5）与石珊瑚群体或其他无脊椎动物共生（或密切相关）的鱼类。与石珊瑚群体共生的如五线叶鰕虎鱼、红点叶鰕虎鱼等，它们个体都很小，游泳能力极差。它们与石珊瑚的关系相当密切，一遇到敌害便钻入石珊瑚群体中。有些与其他无脊椎动物共生的鱼类，常见的是一些潜鱼与梅花参共生。潜鱼藏于梅花参的泄殖腔中，夜间钻出觅食。每个梅花参的泄殖腔中一般有2～3条潜鱼隐居其中。小丑鱼与海葵共生的现象更是颇为有趣，它们可以自由地出入于海葵的群体中，借海葵触手的刺细胞来保护自己，而它们本身不会受海葵刺细胞的伤害；如有敌害侵袭，海葵成为它极好的保护伞和庇护所。

珊瑚礁鱼类中有不少种类颇具经济价值，如石斑鱼、笛鲷等。它们是手钓、沉底钓、围网等作业的重要捕捞对象。

|↑| 博氏锯鳞鱼

|↑| 红鳍笛鲷

## 二、蕴藏丰富的大洋性鱼类资源

西沙海域常见的大洋性鱼类有鲭、旗鱼、箭鱼、飞鱼以及真鲨、蝠鲼等种类，除飞鱼体形较小外，其余都是大型鱼类。它们的身体多呈纺锤形，游泳迅速，性凶猛，一般具有重要的渔业价值。

以旗鱼为例。旗鱼资源丰富，种类也较多。旗鱼体形延长稍侧扁，体长2米多，重几十千克至上百千克，最大特征是第一背鳍长而高，展开犹如一面飘荡的旗帜，故得名旗鱼，其另一个独特之处是吻向前延伸，长而尖，似持把突出的利剑。旗鱼性情凶暴，游泳敏捷，凭着那支利剑般的吻，在海里为所欲为，甚至鲸这样的"大块头"对它也望而生畏。据报道，1944年在南美洲海面，发生过一艘渔船被一条旗鱼击穿沉没的事件；更为著名的事件，是英国军舰被一条旗鱼击穿铁甲，险些沉没。当然，这些敢于向舰船发起攻击的旗鱼，其下场也是不妙的，它们往往无法把"剑"拔出，故只好折断，失去了利剑的旗鱼，最后自己也被埋葬于大海了。

旗鱼主要以鱼类为食，它的食谱上常见的是鲣和鲔。这两种鱼都算得上鱼类中的游泳健将，游速极快，然而旗鱼更是游泳好手，一旦发现鲣和鲔便穷追不舍，追上后，扬起"长剑"，直刺对方身体，待对方完全失去抵抗力时，它们便把猎物从剑上甩下来，从容不迫地饱餐一顿。如果旗鱼发现是小鱼群时，它就改变那种单刀直入的战术，而是猛地冲着鱼群摆动"长剑"，左右开弓，顷刻间，毫无抵抗力的小鱼便肢体狼藉地抛尸水中，在一片血腥味中，旗鱼填饱了肚皮。

|个| 侧牙鲈

|个| 横纹九棘鲈

# 海面上"飞"的鱼

当乘船航行在西沙海域时，往往可见到一些"小飞机"在海面上掠浪而过，有时还会飞上船来，落在甲板上。这是一种中小型鱼类，因为它会"飞"，所以人们叫它"飞鱼"。

飞鱼是暖温性中上层鱼类，体色泛蓝，鳞光闪闪。体长一般为20～30厘米，重200～300克，胸鳍特别发达，长可达臀鳍的末端，阔约6厘米，像鸟类的翅膀一样。飞鱼喜欢在海水表层活动，它在蓝色的海面前进，时隐时现，犹如飞翔的小燕，因此人们又叫它"燕儿鱼"。

飞鱼生活在海里，没有翅膀，真会飞吗？又是怎样飞的呢？科学家们用高速摄影机揭示了飞鱼"飞行"的秘密。原来，飞鱼并不会飞，它在准备离水"起飞"前，先在水中高速游泳，胸鳍紧贴在身体两边，好像一只潜水艇，然后用它的尾部大力拍水，使整个身体像箭一样向空中射出。当飞鱼跃出水面后，即张开又长又宽的胸鳍和腹鳍向前滑翔，靠尾部产生的推动力在空中作短暂的"飞行"。飞鱼滑翔时，速度可达40多千米/时，"飞"出海面时可达四五米高，并能在空中停留10秒钟以上。如果遇着顺风，每次能离水"飞行"300米远的距离。

飞鱼为什么要飞呢？这是因为飞鱼的视力较差，它们在大海里觅食十分不易，故不得不常常"飞行"起来，捕食水面上的昆虫。解剖飞鱼时发现，它们的胃里有13%是空中的昆虫。另外，飞鱼依靠自己高超的飞行本领，来摆脱天敌的袭击。

有趣的是，据说飞鱼数量多的时候，还会飞上船，喜欢"抢"人的帽子和衣服呢！原来，飞鱼喜欢血、汗气味，嗅到这种气味，便冲着目标飞去。若衣物和帽子被撞落水里，飞鱼们便你争我夺。渔民根据这一特点，常用动物的血液或汗味很重的东西来诱捕飞鱼。

↓ 飞鱼（乔轶伦 摄）

# 会跳高的鱼——鲯鳅

鱼类跃出水面，这是鱼的本能。但是，鱼类跃出水面做"跳高"的动作，完全不是靠鳍的作用，它为何能跳高呢？鱼类能跳高，是借助鱼体本身的肌肉，尤其是尾部肌肉强有力的运动。

鱼类跳跃的原因是多方面的，有的是为了逃避敌害，有的是为了追捕食物，有的是因为受了刺激、惊吓，也有如鲤鱼在黄昏时跳跃、飞鱼在月光下跳跃等，可以说是一种游戏性动作。此外，鱼类在生殖季节，成群结队游泳时，或雌鱼在生殖时期由于情绪兴奋而相互追逐时，也常常发生跳跃现象。然而，能一跃而起、荣获"跳高"冠军称号的鱼类，要数鲯鳅了。这种鱼能跳出水面高达6米，实在惊人。

目前，已发现的鲯鳅属鱼类仅有两种，按其体形大小，鱼类学家称它们为大鲯鳅和小鲯鳅。鲯鳅虽然种类不多，但分布较广，在世界各大洋中均有它们的踪迹。

鲯鳅常在海水上层活动。鲯鳅捕食的对象主要是飞鱼。前文也介绍过，飞鱼生来就有一套飞的本领，通常能离水在空中滑翔很远，而鲯鳅要追捕它，必须要付出相当大的代价，天长日久，鲯鳅便练出一身"跳高"绝技，虽然飞鱼能脱水飞翔而逃，但"道高一尺，魔高一丈"，飞鱼飞得再远也逃不出鲯鳅的口，可见鲯鳅的"跳高"本领相当高明。

↓↓ 鲯鳅（刘正杨 绘）

# 大名鼎鼎的金枪鱼

在西沙群岛海域的捕捞鱼类中，常见的是金枪鱼，而且资源较丰富。金枪鱼是大洋性鱼类，生活在海洋中上层，广泛分布于太平洋、大西洋和印度洋的热带海区，是我国南海诸岛海域的重要渔业资源之一。

金枪鱼属于金枪鱼科，可分为若干亚科，共有十余种。我国西沙海域最多的是黄鳍金枪鱼，它的身体背侧和头顶蓝青色，腹部灰白色，颊部、体侧中部及各鳍的一部分（胸鳍的下部分，腹鳍上部，背鳍及臀鳍的下部，尾鳍两叶尖）黄色，小鳍黄色（有些个体的小鳍带蓝青色镶边），胸鳍的上部分墨色，尾鳍黑褐色，一般体长1.5米，平均重量13.6千克，大者可达136千克。金枪鱼旅行范围远达数千里之外，游速之快引人注目，跨洋环游所需要的耐力更是令人钦佩。

1757年，西班牙一位牧师弗雷·马丁在提到金枪鱼的一份报告中说："金枪鱼没有祖国，也没有永久的住所，整个大海是它们的故乡，它们是到处流浪的鱼类……"金枪鱼如同流浪者，但它们有着很强的迁徙性，这个观点有一定的权威性，如今已取得一致认可的结论。

由于金枪鱼的迁徙性强，对金枪鱼的保护和对全球性捕捞金枪鱼的管理变得困难重重。随着捕鱼设备和方法的进步，以及对金枪鱼需求量的日渐增

↓↓↓ 金枪鱼（刘正杨 绘）

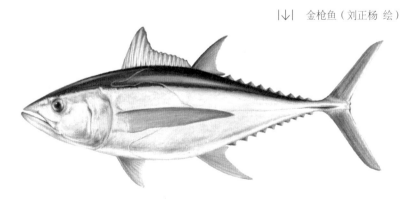

长，金枪鱼资源已经受到威胁，实施有效保护是十分必要的，而且这种有效保护需要国际间的合作。

这里介绍下金枪鱼的生态习性、有趣的生活方式以及它的经济价值，使人们对其有所认识。

## 一、从小到大，生活环境独特

金枪鱼主要生活在海水的上层，该水域又叫"混合层"，是由风浪搅动混合而成的，具有一个相对稳定的温度范围。同时，"混合层"受到一股明显的暖峰流或称为"温跃层"的作用，使它与深层低温水域分隔开来，这个温跃层通常出现在10～150米深的水域之间，其深度取决于各洋面的不同区域和一年中的不同季节。

金枪鱼就是在独特的混合层中开始了它的生命。鱼卵直径约1毫米，孵化出来的鱼苗只有2.5毫米长，但它们有着惊人的生长潜力，一条金枪鱼从孵化到长成，体重要增加10亿倍。一条50千克的金枪鱼，每年产卵达500万粒，但绝大部分鱼卵活不到成年期，因它的卵很容易被其他鱼类、鸟类和海洋生物捕食。同类乃至双亲也会大开杀戒，吃掉它们年幼的同类。可以确认，金枪鱼早期阶段的死亡率高得惊人。大约仅有百万分之一的小生命能"挣扎着"活到成鱼。

金枪鱼对水温、盐度、水色的变化极为敏感。只要水温有1℃的变化，就会改变它的游泳层。金枪鱼对冷风及降水也很敏感，在冷风及降大雨时不起群，不食饵。金枪鱼喜逆流，遇风浪则常向下游；种群的警惕性很强，对声响很有钝感，不趋光，嗅觉不发达，对敌害的恐惧心强，抗低温能力弱，但视力极强。

## 二、变色的能手

金枪鱼的体色和周围的环境融为一体，它的腹部颜色比背部浅，当从下方往上看时，金枪鱼的浅颜色几乎和水面形成一体，而从上往下看时，又不显得有别于海洋深处的暗色调。

金枪鱼的体形和体色呈现的变化贯穿于它的一生。稚鱼与成鱼相比，其模样会变得面目全非。有些金枪鱼沿着其侧腹部，间断地显出纵列的条纹，这也许是为了向同类其他成员传递信息。这些信息可能关系食物的来源，或是它本身生殖周期的反映。从金枪鱼体形特征上看，还能依此识别其所属的种类、性别和年龄。尽管金枪鱼的体色能把它们巧妙地伪装起来，但其本身的体色是短暂的，一旦它们在水中运动，漂亮的外衣很快随环境变化而褪色。

## 三、走南闯北的流浪者，同一行动，秩序文明

通过标志放流，科学家们取得了有关金枪鱼迁徙的资料。长鳍金枪鱼从加利福尼亚沿岸到日本沿海的8500千米旅程里，平均以不低于26千米/天的速度游动。北方蓝鳍金枪鱼横跨至少有7770千米的大西洋利用了119天，其游速保持在65千米/天以上。南方蓝鳍金枪鱼的迁徙性和北方伙伴也是一样。有一些金枪鱼还能从澳大利亚海岸横跨印度洋，一直游到大西洋。总的来说，金枪鱼类几乎都是游泳能手，如在加利福尼亚州的贝加西南端200千米处，将一条鲣鱼（金枪鱼家族中最小的种类）放流，在马绍尔群岛的纽威塔克西部把这条鱼回捕，全程近9500千米。大部分黄鳍金枪鱼都能在放流的千里之外回捕，它们已经作了超过5000千米的长途旅行。

金枪鱼和其他鱼类一样，也有群栖的生态习性。人们在飞机上观察到，成群的金枪鱼在海面游泳的队列相当整齐，浩浩荡荡似游行的队伍，不争先恐后，体小的在前，大个体在后，最前面有几条"领头鱼"或"带头鱼"。在捕捞时，吸引住"领头鱼"是最关键的。因为金枪鱼的种群意识非常强，鱼群总是跟随"领头鱼"行动。另外，在捕获金枪鱼时要特别小心，避免惊动"领头鱼"，那会引起整个鱼群逃逸。

## 四、肉味鲜美，营养丰富，畅销海外，供不应求

金枪鱼的肉呈粉红色，不仅肉味鲜美，而且营养价值高，是一种很受欢迎的名贵海产品。金枪鱼在日本及欧美许多国家可谓大名鼎鼎。在日本，"鲣鱼干"是日本人结婚、寿庆送礼必不可少的礼品，还有用金枪鱼加工成为"鱼味素""鱼肉酱""鱼精粉"等制品。在欧美一些国家，有专门的金枪鱼饭店，而美国加工的"油浸金枪鱼罐头"更是风靡世界，成为国际畅销的水产品之一。由于过度捕捞，金枪鱼的种群数量已受到威胁，最明显的种类莫过于蓝鳍金枪鱼。国际间已开始管制对金枪鱼的捕捞，但成效相当有限。

# 海底鸡肉——真鲷

真鲷是一种名贵的海洋鱼类，肉味鲜美，营养丰富，经济价值较高，是酒宴上的高级佳肴。在日本，人们把真鲷视为特级海味用来款待客人。若是钓鱼者能钓上一条真鲷，会被认为是吉利的象征，故人们称真鲷为吉鱼。我国从北到南沿海均有真鲷分布，北方称加吉鱼，江浙俗称铜盆鱼，福建称加力鱼，广东称立鱼。因真鲷的滋味美似鸡肉，因此也叫它为"海底鸡"。

真鲷的身体侧扁，呈长椭圆形，眼中等大，小嘴，身上满披栉鳞，侧线明显与背缘平行，体呈淡红色，背部散布有鲜艳的蓝色小点，刚出水时闪闪发光，宛如镶嵌的宝石，尾鳍边缘还围着一圈淡黑色的色彩。鲜艳的体色在碧蓝的海水映衬下显得格外美丽。

我国北方的山东半岛莱州湾、东南沿海的福建省厦门五通渔场、广东省的阳江都是有名的真鲷产卵场。真鲷是暖温性底层鱼类，喜栖息在岩礁沙砾等底质粗糙的海区。南海诸岛的珊瑚礁处及贝藻丛生的地方常有真鲷群集一起，而且该海域的真鲷色泽格外绚丽。

真鲷喜欢群游，游速较快。每逢春季繁殖季节，真鲷成群游向近岸浅水区产卵，幼鱼一般3岁达性成熟。已知最大的真鲷达26岁，体长85厘米左右，体重8千克多。真鲷的最适生活水温为20℃左右，当水温降至12℃以下时会停止摄食，进入冬眠状态。广东沿海常年水温均适于真鲷生活，四季均可捕获。真鲷是肉食性鱼类，主要以贝、虾、蟹、海胆等底栖生物为食，也吃少量的鱼类和头足类。渔民一般用虾蛄及头足类当钓饵，上钩率较高。

当前，真鲷在国内外市场的需求量很大。我国沿海一带的不少地区已大力发展网箱养殖真鲷，并进行人工繁殖鱼苗取得可喜成果。东南沿海各省海湾多，利于养殖真鲷，前景广阔。

# 奇形怪状的比目鱼

提起比目鱼，人们就会想起它"两眼朝天，长在一边""体色一边深，一边浅"的怪模样。比目鱼形状古怪，它们是两只眼睛长在一边的奇鱼，被认为是两鱼并肩而行，故名比目鱼。古代人们曾把这两种鱼误认为是一雌一雄，以为它们在水中紧贴成双，有眼的一边向外，共同生活在一起，故有"凤凰双栖鱼比目"的佳话。

其实，比目鱼类都是单独生活的，侧扁的体形使它只能用侧躺的姿势游泳，常常潜伏在海底活动。

比目鱼的奇怪体形引起科学家的注意和兴趣，经过观察和研究发现，比目鱼刚孵化出来的仔鱼和其他鱼类是一样的，眼睛也长在头部的两侧，在海上漂浮寻食。当仔鱼长到半寸左右，便向近海游动，此时体形开始变化，游动也失常，身体逐渐失去平衡，在这期间，不少仔鱼死去。幸存者继续发生着奇异的变化，前额骨生长歪斜，一侧的眼睛因眼下软骨的增长而逐渐向上移动，大约经过100天，两眼便并列一处。这时，比目鱼身体完全失去对称，下沉于海底。

通过比目鱼的变态发育可以看出，动物在胚胎发育过程中常表现出其祖先的演变过程。比目鱼的祖先并不同于现在的比目鱼，它们是两侧对称的，但长期的海底生活，一侧的眼睛向另一侧扭转，逐渐演变成现在的比目鱼。

比目鱼是鲽形目鱼类统称，是名贵的海产品，如我们常见的牙鲆、大菱鲆（商品名：多宝鱼）、石鲽、舌鳎等。比目鱼是温水性底层鱼类，分布较广，我国以黄渤海的产量较高，以牙鲆为多，广东沿海所产牙鲆不多。根据其两眼所在体侧的位置，有"左鲆右鲽"之说，有眼的一侧有体色，与周围环境配合得很好；另一侧朝下，为白色。

# 比目鱼制伏鲨鱼的奥秘

在海洋生物王国中，许多小生物会成为大动物的食物。鲨鱼是著名的凶猛动物，双髻鲨和噬人鲨可算是鲨鱼中最凶暴的种类，它们个体大，凭着锋利牙齿和快速游泳，追捕鱼类和海兽，并攻击在海中游泳及潜水作业的人，简直是作恶至极。

说来奇怪，鲨鱼这个在海中张牙舞爪、称王称霸的庞然大物，却非常害怕小小的比目鱼！比目鱼能用绝妙的办法征服鲨鱼，使鲨鱼败阵而逃。那么，比目鱼有何法宝呢？

鲨鱼害怕比目鱼这个奥秘是被美国一位海洋生物学家发现的，经过长期的观察和研究，认为比目鱼能分泌出一种乳白色的剧毒液体，这种毒液即使用五千份水来稀释，也能毒杀死周围的海星和其他小型的海洋生物。但奇怪的是，比目鱼的毒液对人体几乎不起什么作用，生物学家曾把比目鱼的毒液滴在自己的身体上，只不过有点皮痒的感觉而已，未见任何异常反应，可是这种毒液对鲨鱼所起的作用就完全不同了。

为了证实比目鱼能击败鲨鱼，生物学家做了有趣的实验，在有比目鱼的水域投下吸引鲨鱼喜食的食物作为诱饵，当鲨鱼游近比目鱼的时候，比目鱼迅速分泌出乳白色毒液，从而马上引起鲨鱼颌肌麻痹，使鲨鱼张开的大口无法合拢，只好溜之大吉。但是，贪食的鲨鱼并不甘心，它非常狡猾地等待了一会儿，当毒液在失去作用时，又返回企图吞食食物，这时，比目鱼早已预料鲨鱼的阴谋，再次放出更多的毒液来对付，使鲨鱼张开的大嘴再也无法合拢，甚至丧命。

比目鱼这种独特对付鲨鱼的本领，引起生物学家的极大兴趣，根据比目鱼毒液对制伏鲨鱼具有的特殊功能，试图人工合成这种毒素，以供进行海洋水下作业的科学工作者防鲨之用。

# 海中奇鱼——翻车鱼

在热带和亚热带的海洋里，生活着一种叫翻车鱼的鱼类，听其名就有点古怪，看到了这种鱼的标本，会不会更感有趣呢？

翻车鱼的样子相当滑稽可笑，看上去好像是失掉了躯干和尾部、只剩下一个鱼头的鱼，因此它也有"头鱼"的称呼。这种鱼个体很大，长达3米左右，但是这么巨型的鱼却长着樱桃似的小嘴。背鳍一个，高高竖起来，像一张三角形的帆，后身像被切去似的，还有一条长长的臀鳍。这样的大体形看似笨拙，却能很好地适应漂浮生活。它用背鳍和臀鳍划水，在海面缓缓前行，有时背鳍露出海面随海流漂流，非常安静，无怪乎被人称作"海洋懒汉"。

翻车鱼体重可达1吨。它以上层的小鱼和虾为主食，也能迅速追捕食物，还能用背鳍划水在海中翻筋斗并潜入海底。事实证明，在阴天或天气不好时是见不到它的，此时的它沉在海底。当天气晴朗时，它要上升到海面，但并不是靠鳔（它是无鳔），而是靠厚厚的皮和肉体。翻车鱼喜欢浮水晒太阳，英美地区将其称为"太阳鱼"。

夏季，在澳大利亚的海滩上有时会发现搁浅的翻车鱼，这是因为它追逐小鱼时忘乎所以，遇到落潮想撤时为时已晚。当地渔民知道翻车鱼是罕见的，遇到这种情况，往往出动十多人用绳索缚住把它送回大海。在我国南海的北部海域，每年春夏之间也会有翻车鱼搁浅而被捕渔民捕到。

这样奇特的鱼对于世界各地的水族馆来说是难得的，想把这位明星"聘"到馆中让游客一睹风采却难以办到，因为它太难伺候了，如果养殖水含盐量掌握不好或水温稍低，它就会大发脾气，甚至会撞壁而死。有报道，日本千叶县一个水族馆成功地养了一条叫"媛媛"的翻车鱼，他们饲养成功的秘诀之一是池壁四周用尼龙藻膜护住。这位明星因其独特的魅力而吸引了广大游览者。

翻车鱼是鱼类中的产卵冠军，一般鱼类一次产卵几百万粒已经算多了，但它一次能产3亿粒卵。由于翻车鱼所产的卵易被其他的鱼类吞食，所以只

好靠多产卵来延续种族，这种情况在鱼类中很常见。尽管翻车鱼产卵多，但成活的数量仍很稀少。如果某个自然博物馆或水族馆陈列有翻车鱼标本，就足以自豪了。中国水产科学研究院南海水产研究所1975年曾在西沙海域捕获翻车鱼，现陈列在南海水产研究所标本室里，有机会到该所标本室可以观赏到这个奇鱼。

# 遮目鱼的传说

遮目鱼是热带、亚热带咸淡水鱼中的名贵养殖鱼类，我国海南岛、西沙群岛、台湾地区等海域均有它的踪迹，以西沙群岛的资源较为丰富。在我国，遮目鱼有许多称呼，过去我国水产界称它为"虱目鱼"，台湾地区等海域称它为"安平鱼""麻虱鱼"。关于这条鱼，有许多有趣的传说，先把有关其名称来历的有趣传说介绍一下。

相传，迄今三百多年前，郑成功将占领台湾的荷兰人驱逐出境，在台南国圣港鹿耳门（即昔日之安平）附近建鱼场，大量放养虱目鱼，因此，当地人把虱目鱼称为"安平鱼"，以感谢郑成功收复台湾的功绩。又有传说，当时郑成功在收复台湾时所用的粮食为胡麻，在安平登陆时，落在海边的胡麻粒变成了虱目鱼鱼苗，据此命名为"麻虱鱼"。更有趣的传说是，郑成功率军收复台湾时，曾在海边见到此鱼，他问当地人，这叫什么鱼？由于语言不通，他们误以为这条鱼就是"什么鱼"，一传十，十传百，从此"什么鱼"成了当时对这种鱼的称呼。后来，不知是哪一位好心的学者，谐其音译为"虱目鱼"，从此，"虱目鱼"便成为它的正式学名。

现在，我们不去追究这种传说是否真实，但就"虱目鱼"这一名称来说，与这种鱼的实际情况是不相符的，更谈不上利用鱼的特征为其命名的依据。

由于这个原因，新中国成立初，南海水产研究所的著名水产专家费鸿年先生深入渔港，访问渔民群众，在海南岛沿海采集到许多虱目鱼标本。他进行观察研究后发现，这种鱼鳞片密而细小，且具有极发达的脂眼睑，可以把鱼的一双大眼完全遮盖。据此情况，费先生决定把"虱目鱼"改为"遮目鱼"，这一字之改，妙不可言，既使语音近似，通俗易懂，使群众容易接受，又能说明鱼的主要特征，具有科学性。"遮目鱼"名称一出现，立即得到了公认，从此统一了称呼。

# 海洋中的免费旅行家——鲫鱼

在浩瀚的海洋中，海龟具有遨游万里不迷途的本领，而被人们称为海洋旅行家。有一种鱼类，能附着在大型鱼类、海龟、鲸等动物身体上或大船底，毫不费力地随同这些动物作安逸而舒适的旅行，算是个典型的免费旅行家，它的大名是鲫鱼！

鲫鱼为何能够作免费旅行呢？它有什么特异的本领呢？原来，鲫鱼的头部很特殊，与其他鱼不同，在它扁平的头部顶端有由第一背鳍变形而成的吸盘，这个吸盘也称为头印，故其又名"印头鱼"。

鲫鱼的头印构造比较复杂，印内有许多成对的横列软骨板，其后缘隔离，上有绒毛状的小刺，稍把软骨竖起，就形成了吸附力很强的吸盘，当它吸附在某一物体上，就把吸盘中的水挤出。鲫鱼常常以吸盘吸附在鲨鱼和其他海兽的腹部，使自己似乘客搭载一条游船，随着周游海洋，免费旅行。当到了食物丰富的海区，这位旅行家就离开它的游船，摄取食物，然后在原地另寻找新的"客船"，继续它的旅行生涯。有时，它懒惰地不肯离开，依靠搭上的大鱼丢下的"残羹剩饭"为生。鲫鱼这种免费旅游的巧妙本领，不仅省力气，还能借助船舶的虎威而免受敌害侵袭，可谓一举两得。但是，这个贪图享受的懒家伙，有时候随船只从大海驶入江河，把它们从咸水域带到江河等淡水域，由于改变了它们的生活环境，这些免费的旅行家也就完蛋了。

鲫鱼这种独特吸附的本领，被渔民巧妙地利用，将鲫鱼作为捕海产动物的工具。据报道，古巴的渔民抓到鲫鱼之后，便用绳子把它们的尾部扎紧，拴在船后，一旦遇到睡着的大海兽等大型动物时，如海龟，鲫鱼似寻到了乘船般立刻紧紧用头印吸附在海龟上，渔民小心地抓紧绳子并收回到船上，当海龟醒来时，早已被擒当了俘虏。

西沙海域常发现有一种能吸附在大型鱼类鳃腔的白短鲫鱼，体长10厘米左右，它们能随同大型鱼类而畅游海洋。

# 形状古怪吓人的刺鲀

刺鲀属鲀鱼类，在分类学上属于鲀形目的刺鲀科。"鲀"字来自"豚"，即小猪的意思，因鲀鱼类的身体多肥圆似小猪而得名，又因它为鱼类，所以写作"鲀"。

刺鲀主要生活在热带浅海区，以硬的火珊瑚和软体动物贝螺等为食，所以西沙群岛可常见到它。

## 一、浑身长满棘刺的鱼

刺鲀身上长满坚硬的棘刺，棘刺是在漫长的历史演变过程中由鳞片慢慢演化而成的，是它唯一的自卫武器。平时，这些棘刺像其他鱼身上的鳞片一样，平平地贴在身体表面。一旦遇到危险或敌害侵袭时，它就拼命地吞咽海水，使身子胀得圆鼓鼓的，身上的棘刺也随着膨胀的皮肤竖起来，整个身体就像一个带刺的球。如果刺鲀大口大口吞下的是空气，它就会肚皮向上地漂

|↓|　棘背角箱鲀（白明　摄）

浮在水面，看上去宛如漂在海上的一个大毛栗子。

如果有机会在西沙的海边看到活刺鲀，你可以试着用小棍逗打它几下，会看到它顿时大发脾气，身体像吹足了气的气球，鳍和棘刺乱抖，嘴里还不断发出"咕咕"的吼叫声，有趣极了！其实，刺鲀的独特武艺不过如此而已，并不能给敌害以损伤，只是那些比它个头儿大的动物想要吃掉它，确实无法下口，只好悻悻地游走。刺鲀就是这样免遭敌害的袭击，在自然界你死我活的斗争中生存下来。

## 二、鱼虎的传说

早在1200多年前，我国人民就发现这种模样古怪的鱼了。《本草拾遗》中有关于刺鲀的记载，称刺鲀为鱼虎，"鱼虎生海，头如虎，背皮如猬，有刺着人如蛇咬，亦有变为虎者"。该书对刺鲀的产地、体形和习性等描述明确，但说刺鲀有变成虎的，则系猜测之词。

## 三、刺鲀与医药

刺鲀是一种有毒鱼类，《本草纲目》中称刺鲀的气味有毒。现一般认为刺鲀毒素在内脏和生殖腺，亦有人认为其肉也含有毒素。我国台湾地区沿海曾发生过食刺鲀中毒的事例，因此人们多用刺鲀作肥料，很少食用。

我国民间传说刺鲀可作药用，西沙群岛渔民说刺鲀的皮剥下晒干后，煮食可治胃病。但这些尚未经过科学验证，应认真研究，以确保人民健康和正确利用这一海洋资源。

# 海中风筝——蝠鲼

**在**西沙海域清澈、湛蓝的海水中，有很多蝠鲼，它们吸引了许多生物学家的兴趣，不少科学家专门在海上跟踪观察蝠鲼的神秘活动。蝠鲼是鳐鱼类中最大的一种。这里的蝠鲼叫双吻前口蝠鲼，体宽6米以上，体重达2吨，好比一部载重的大卡车。

据说，几百万年前，所有的鳐鱼都生活在陆地的江河湖泊之中。后来，有几种鳐鱼"勇敢"地进入了海洋。在海洋这个辽阔的天地里，它们吞食着丰富的浮游动物和小鱼、小虾，其中的一种个头儿越长越大，体力也越来越强，最后演变成了现在的蝠鲼。这是个传说而已。

蝠鲼不像传统鱼类那样具有纺锤形的身体，它们没有背鳍，宽大的三角形胸鳍和圆盘一样的身体构成了巨型扁片状躯体。蝠鲼的背部黑褐色，腹部浅白色。巨大的胸鳍在形态和功能上与鸟类的双翼相似，两片胸鳍间的距离称为"翼展"，即为体宽，体宽大于体长。蝠鲼游泳时，扇动着三角形胸鳍，拖着一条硬而细长的尾巴，像在水中飞翔一样，也宛若一只"海中风筝"。

蝠鲼的个头儿和力气给潜水员带来了一些麻烦，它要是发起怒来，只需用那强有力的"双翅"轻轻一拍，就会碰断人的骨头，甚至把人砸死，所以人们又称它"鬼鳐"。蝠鲼的头上长着两只肉角，这是它的头鳍，翻卷着向前突出。蝠鲼在进食时，这对肉角起着过滤浮游生物的作用；游泳前进时，它还起着减少海水阻力的作用；有时，蝠鲼用它把自己挂在小船的锚链上，拖着小船飞快地在海上跑来跑去，以致渔民以为是魔鬼出现了。一般来讲，蝠鲼是不伤害人的，它的身上没有亲族刺鳐的那种危险的螫刺。相反，这种样子吓人的庞然大物很喜欢与人接近，人们甚至可以骑上它的背在水下遨游。

|↓| 蝠鲼（乔轶伦 摄）

# 海中霸王——鲨鱼

西沙海域经常有许多被人称为"海中狼"的鲨鱼出没。鲨鱼可以算是海中的霸王，在无数人心目中都留下了"恐怖"和"冷血杀手"的形象。

|个| 鲨鱼（刘正杨 绘）

据记载，吃人的鲨鱼有20多种，如噬人鲨、灰鲨、双髻鲨、虎鲨等，这些鲨鱼常在西沙海域出没，若落水遇到这些鲨鱼，是很难幸免的。科学家经过研究分析给出了鲨鱼吃人的一些推断，并认为鲨鱼极少主动攻击人类。鲨鱼吃人，可能与水温、水深、时间、饥饿等因素有关，比如时间，公认的最危险时间是黑夜。普遍接受的观点是，鲨鱼吃人与血腥有关。鲨鱼一闻到血腥味，立刻兽性大发，凶猛地冲向对方，张开血盆大口，发动攻击，因此，受伤的渔民落水在鲨鱼活动海区，死多活少。还有一种解释是，很多时候，鲨鱼把受害者视为一种威胁，可能是受害者无意中侵犯了鲨鱼的地盘，或打搅了鲨鱼的求爱追逐，或是切断了鲨鱼的逃跑路线，因此遭到鲨鱼的攻击。

值得注意的是，鲨鱼在攻击之前，常常围着受害者兜圈。一旦在水中发现鲨鱼，应保持镇静，力争游开，千万不要干扰它，这样才有死里逃生的机会。

和其他动物一样，鲨鱼有自己的生活习性，更有自己的喜怒哀乐，既有强势也有弱点。在此，介绍下鲨鱼趣事以及一些防止鲨害的知识。

## 一、鲨鱼的种类

鲨鱼属软骨鱼类，全世界有300多种。鲨鱼的个体大小相差悬殊，大的仅次于鲸，例如鲸鲨，体长能达20米，体重约6吨以上；小的像某种角鲨，体长仅15厘米，体重远不足1千克。大部分鲨鱼是卵生，也有一小部分是胎生或卵胎生的。绝大部分鲨鱼为肉食性，最喜捕食海豹、海狮等，但食谱复杂，会吞食任何东西甚至炸弹。你知道吗，巨大的鲸鲨，食物却是海洋中的浮游生物。我们或许会问：这样的庞然大物，它能吃饱吗？原来，鲸鲨吃的食物量要以吨计，所以还是能果腹的。

## 二、战争中的帮凶

在战争中，鲨鱼有时候也充当着血腥刽子手的角色。第二次世界大战期间，1941年12月7日珍珠港海战爆发，美国一艘巡洋舰被日舰击沉，全船450名水兵，大多数被鲨鱼吞入腹中，仅有170人生还。1945年7月30日，美国巡洋舰"印第安纳波利斯"号完成任务返程途中遭遇日本核潜艇袭击，舰体被鱼雷击中并发生爆炸，900余名士兵在军舰沉没后存活漂浮在水面上，更恐怖的噩梦才刚刚开始——水体的波动和伤亡者的血液将附近的鲨鱼吸引了过来，鲨鱼开始攻击落水的士兵，事后在海面上发现有近百具被鲨鱼残害过的躯体。诸如此类事件，不胜枚举。

但是，有一些鲨鱼只吃小鱼和小生物，并不伤人，如鲸鲨和姥鲨，其性格十分温和。

## 三、习俗速览

过去认为，鲨鱼的视觉并不发达，但一位法国学者在非洲海岸亲身观察和实验，证明鲨鱼的视觉很敏锐，可以看到好几米外突然出现的物体，并会迅速冲过去。鲨鱼的嗅觉一向公认是特别灵敏的。科学工作者对鲨鱼做过各种实验，证明即使把它的眼睛弄瞎，它也能凭借敏锐的嗅觉迅速而准确地找到投入水中的诱饵，所以有人把它称为"游泳的鼻子"。此外，鲨鱼对于以高速通过水中的运动所产生的震动也很敏感。

牙齿是鲨鱼的主要武器，锐利异常。鲨鱼的牙齿还有一个特点，就是它们是不断更换的，往往在一排牙齿脱落之前，已有一排新的牙齿来替代。鲨鱼在袭击他物时，常常遗留下若干牙齿，好像访客留放"名片"一样。鲨鱼的口器也十分强大有力，一口就可以把人的大腿咬断。大白鲨是海洋里最强大的鲨鱼，以强大的牙齿称雄，它甚至可以一口气吞下整只海豹。

鲨鱼的游动速度非常快，可以超过30海里/时，而且在前进途中可以急停或急转弯，非常灵活。

鲨鱼的另一种习性是非常贪婪。它不仅吞噬海洋中的动物尸体，甚至不分昼夜长达十几天地跟踪远洋海轮，不加选择地吞食从船上抛入海中的一切东西。人们在它的胃中发现过酒瓶、铁器、石块等坚硬物体，所以海员们给它取个别名叫"海中清道夫"。

## 四、防鲨妙术

鲨鱼伤人、袭击船只的事件时有报道。因此，寻找防鲨妙术早就成为科学家们的研究课题。然而，到目前为止，世界上尚未研究出一种能够完全防止鲨鱼吃人的有效措施。

在美国，通常认为重要的防鲨方法之一是所谓"水底叫声"，然而，有些鲨鱼对声音感觉极差。法国有位调查员在遇到灰鲨时拼命呼叫，可是没有达到预期的效果，险些送了性命。

美国还研制成一种"驱鲨药粉"，这种药粉在水中很快溶解，并释放出一种带有醋酸铜类化学品气味的烟雾，科学家们想利用鲨鱼灵敏的嗅觉并借此来驱赶它，虽有一定效果，但仍存在缺陷。如果由受伤者使用更是无效，因伤者的血腥味会使鲨鱼奋不顾身地冲入"重围"，继续伤人。

较有效的武器是一种备有特制电池的金属棒，借助这种武器能使进犯的鲨鱼触电，使它处于半休克状态。然而，如果时间掌握不当，稍有迟缓或惊慌，持有这种武器的人也是性命难保。

人们发现鲨鱼会因乌贼释放的墨汁而后退，因而受到启发，认为可以利用颜色来驱赶鲨鱼。研究发现，黄色驱鲨最为有效。

科学家还研制出一种轻便的发射机，它发出的一种特殊"音乐"——无线电波，能迫使鲨鱼在相当大的距离内（20米左右）畏缩不前。

此外，在海边用金属网围成一定的范围，能防止鲨鱼游近伤人。

总之，防鲨和驱鲨的方法虽然很多，但没有一种是绝对安全可靠的；有些受条件限制，亦不实用。

# 最大的鱼——鲸鲨

过去，人们常把鲸视为世界上最大的鱼。其实，鲸不是鱼类，而是兽类，是海洋中的一种哺乳动物。那么，世界上最大的鱼究竟是什么呢？是生活在海洋中的鲸鲨，它的体长一般为10米左右，最大的个体体长达20米，体重10余吨，其躯体庞大，可与鲸相比，故名鲸鲨。鲸鲨属于鲨鱼中的一员，我国南海海域也有出现。

鲸鲨虽然在鱼类中体大无比，可称为鱼类中的冠军，但它性情很温和，不像其他鲨鱼那样嗜血。鲸鲨不会伤害人，捕捉它时也不反抗。据说，奥地利水下探险家汉斯·哈斯在红海曾遇到一条8米长的鲸鲨，他不但给它拍了许多照片，还大胆地骑在它的背上遨游了一阵儿呢！

鲸鲨的长相颇特别。鲸鲨的身体两侧有两条由头后至尾部的隆起皮脊，身体上散布着许多黄白色的斑点和条纹，加上头顶那双与身体很不相称的小眼睛，一副有趣的怪模样。鲨鱼的口一般是长在头的腹面，而鲸鲨的口像鲤鱼那样长在头的前端。鲸鲨的嘴非常大，嘴里有很多细小的牙齿，排成数行，这些牙齿没有咬食和咀嚼作用，它还具有一般鲨鱼没有的鳃耙，故鲸鲨只能张开大嘴巴滤食微小的漂浮生物和小鱼、虾。鲸鲨每吞食一口海水，水即经鳃孔排出，鳃耙好像筛子一样，把食物滤下来后吞入胃里。鲸鲨的胃相当大，一尾五吨重的鲸鲨，胃内竟能容纳半吨多重的食物。鲸鲨的游动速度缓慢，常漂浮在水面上晒太阳。

鲸鲨的繁育方式很特别，为卵胎生，每次可产300尾以上。当幼鲨被排出体外后，就可以独自在大海中生活了。

鲸鲨生活在热带、亚热带海洋，广泛分布在印度洋、太平洋、大西洋各海区。鲸鲨全身都是宝，具有较高的经济价值，而且鲸鲨几乎没有天敌，人类捕捞是其数量减少的一个原因。

↓↓ 鲸鲨（乔轶伦 摄）

# 鱼类的亚军——姥鲨

姥鲨是继鲸鲨以下的世界上第二大鱼类，仅比鲸鲨的个体小些，被人们称为鱼类的亚军。

姥鲨属鲨鱼中的一种，个头儿也相当大，体长达15米，重6吨左右，虽比不上冠军鲸鲨，但够得上庞然大物了。姥鲨的性情也相当温和，庞大的身体感觉上显得较迟钝，又像懒人一样喜欢晒太阳。每当天气晴朗、海面上风平浪静之时，这个大家伙便浮在海面，露出背鳍和部分背部，懒洋洋地缓缓游着。当它高兴之际，还会将身体翻过来，把大肚皮露出来，由于它的性情懒惰和感觉迟钝，往往使它们受害于敌，遭到不幸。

姥鲨的生活很有趣，每年夏季，它们总要成群结队地游泳，很有纪律性，讲文明懂礼貌，从不争先恐后地挤成一团，而是很有条理地二三条成一排，前后连接起来，形成浩浩荡荡的一列长队，就像游行队伍，非常壮观。

姥鲨的个体虽大，但吃的食物都很小。姥鲨大量吞食海中的浮游生物，主要是小型甲壳动物，有时也有鱼类进入口中，但这并不是它主动吞食的，别看它吃的食物小，可是它的胃部相当大。姥鲨能够获得足够的食物，依赖于它的口很大，里面长满细长而密集的鳃耙。据计算，姥鲨的鳃耙有两万多根，这些密集的鳃耙排列起来，形成了栅状的独特过滤器。在它的咽部还有许多树枝状的突起，水里的小生物一旦进入口中就很难漏网。过滤到的食物会被黏液立刻包起，不断送往消化道中，这样很快就饱餐一顿了。

鳃耙成为姥鲨滤食的特殊装置，给取食带来好处，可在生活中也添加了许多不愉快的事情。因每到10~11月以后，鳃耙都要像秋天的树叶一样，纷纷脱落。此时，姥鲨就无法吃东西了，只好潜藏到较深的海底，渡过难关。经2~3个月的时间，新的鳃耙慢慢生长出来，姥鲨重新浮起来，向近海游去，开始新的生活。

姥鲨全身都是宝，是经济价值高的鲨鱼种类之一。姥鲨的数量下降严重，现在在很多国家受保护及限制其贸易。

姥鲨（乔轶伦 摄）

# 海洋里的"歌唱家"——座头鲸

在海洋世界里，鱼儿能发出各种奇特的声音，如在海底的比目鱼，其叫声似轻按风琴的低键发出的声音。鱼类的发声以石首鱼最有名，李时珍描述过"石首鱼，每岁四月，来自海洋，绵延数里，其鸣如雷"。鱼类发出的声调各不相同，黄花鱼的繁殖季节可听到水下传出阵阵"咕、咕、咕"的歌声，沙丁鱼会发出"哗啦、哗啦"的声响，海马发出"呼噜、呼噜"声……在碧波万顷的海洋，形成一支鱼类交响乐队。

早在古希腊时代，西方广泛流传着有关"美人鱼"唱歌的故事。有关"美人鱼"的歌声之谜被解开，是美国海洋生物学家派恩和艾尔经过长期在水下观察发现，真正的海洋"歌唱家"竟是座头鲸。这个走南闯北的大家伙，体重达四五十吨，体长9米左右，看上去像个笨头笨脑的怪物。

座头鲸在我国的黄海、东海、南海均有分布，经常在南海诸岛海域出现。

↓↓ 座头鲸（王馨艺 绘）

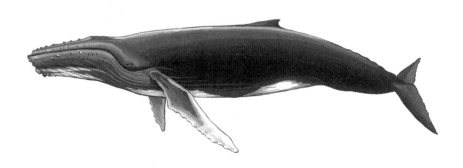

生物学家发现，座头鲸有一副天赋的"歌喉"，它们唱起歌来格外响亮动人，其歌声在水下能传播数十千米之遥，在海面上也能透过船底的振动而听到它的歌声，令它成为海洋中的"歌星"。

更有趣的是，座头鲸不但是优秀的歌唱家，还是个天生的作曲家。它们能创作"新歌"，特别是每逢冬天就放声歌唱它们的鲸歌。这些优美的鲸歌成为海洋世界的"流行曲"，无论是在太平洋夏威夷的鲸群，还是在大西洋百慕大的鲸群以及南海诸岛海域的鲸群，都会唱响同一旋律的鲸歌。它们还会进行"艺术交流"，印度洋的座头鲸移居到澳大利亚的太平洋海域后，不出三年时间，"土著"座头鲸会放弃它们的传统曲目，转而演唱这些外来户带来的新曲。

座头鲸发声的方式很奇特，它们不是用嗓子唱，而是靠储在头部的空气振动来发声的。因此，座头鲸"引吭高歌"时不需要换气，也不受呼吸的干扰，能随时唱歌，高兴起来能一口气唱上半个小时。

座头鲸为何要唱歌呢？生物学家认为，它们是为了爱情而歌唱，从鲸在冬季唱歌又在冬季繁殖这一点来看，"鲸歌就是情歌"的说法似乎是有道理的。不过，至今还没有确凿的事实证明这一点，但是座头鲸能在海里发出动听的声音，被广泛认为是海洋中的"歌唱家"了。

# 海洋中的潜泳专家——抹香鲸

抹香鲸是大洋性动物，主要生活在南、北纬40°之间的热带和亚热带海域中，通常营一雄多雌的群居生活，有时是10头左右的小群，多时有数十头以上的大群。抹香鲸在我国北部沿海少见，东海、南海数量较多，我国台湾以南海域有大量抹香鲸栖息，西沙海域可常见到它。

在分类学上，鲸目分为须鲸和齿鲸两个亚目。须鲸亚目的动物个体都非常大，世界上没有任何动物能够和它们相比。最大的蓝鲸长达32米，重120吨以上。但在齿鲸动物中，抹香鲸要算最大，据国际鲸类协会统计，所捕的最大雄性抹香鲸长19米，雌性长17米，但是近年来18米长的雄体和14米长的雌体都很少捕到，一般捕到的雄体在10米左右，雌体更小。

抹香鲸有巨大的头部，在众多鲸目动物中，它的体形是独一无二的，最容易识别。

↓↓↓ 抹香鲸（王馨艺 绘）

## 一、寸步离不了水

鲸不是鱼类，但和鱼一样，是离不了水的，一旦离开了水就很快死亡。

生活在海洋中的哺乳动物，除鲸以外，还有海狗、海豹、海狮和海象等兽类，它们都是用肺呼吸的，虽然生活在水中，但它们在"生儿育女"时要到海滩或水上进行分娩，要过短时间的陆栖生活。平时，它们有时也可以离开水。许多动物园里饲养的海豹，一会儿潜入水中，一会儿离开水池，爬在池边抬头仰望人群，非常逗人喜爱。同样是用肺呼吸，为什么唯独鲸类生活在水中而寸步不离呢？

号称动物界"巨人"的鲸，尽管它的身躯非常庞大，但肋骨和胸骨非常脆弱，胸腔壁又很柔软，一旦离开了水，由于空气的浮力太小，脆弱的骨架支撑不住庞大的体重，致使心、肺等内脏器官受到严重的压迫，导致呼吸系统和血液循环发生障碍，很快就会窒息而死。在水中时，因水的浮力比空气大得多，就不会发生上述情况。

## 二、哺乳动物的潜泳专家

海洋哺乳动物中，能潜水的有鲸、海豹、海豚、海狸等，它们都能在水下停留较长时间，受过训练的海豹和海豚，能潜入300米和600米的深度，但这与抹香鲸相比，差距实在太大了。据记载，1932年，美洲巴拿马运河区与厄尔瓜多尔之间的海底通信突然中断，原来肇事者是一头45吨重的抹香鲸，它在980米深处被海底电缆缠住了下颌和前鳍，它极力想挣脱，结果把海底电缆的绝缘层破坏了，致使海底通信突然中断的事故。人们还曾发现抹香鲸在2200米的海底中被电缆缠住。

对于在海洋中用肺呼吸的哺乳动物，可以长时间生活在深水区里，确实让人们大为惊讶。抹香鲸为什么能潜入那么深呢？原来，抹香鲸喜捕食生活在深海的头足类，由于长期适应这种条件，它们的呼吸器官发生了改变，只用左鼻孔呼吸，右鼻孔已经闭塞，右鼻孔里的管道变成一个几乎和肺容量相等的空腔，起到了储存空气的作用，相当于增加了一个"外加肺"，使抹香鲸的肺容量差不多增加了一倍。这样，抹香鲸可以在水下长时间潜泳，长期的深海觅食使它逐渐适应了深水环境，成为哺乳动物中的"潜泳专家"。

抹香鲸的潜泳本领，使它能在水面连续呼吸几十次之后，便可做一次长达一个半小时的潜泳。这种奇特的潜泳能力，引起了科学家对它的体形构造、生理功能以及其他与潜泳有关方面的进一步研究兴趣。

### 三、抹香鲸搏斗大王乌贼

抹香鲸是齿鲸类中最大的鲸种，大者可达23米，体重60多吨，体壮有力，喜潜入深海中捕食大型的头足类。有一种头足类名叫大王乌贼，最大个体长18米，腕足长约11米，体重约30吨。乌贼是诡计多端的狡猾动物，而且这么大的乌贼是非常凶猛的。这两类旗鼓相当的动物相遇，搏斗的场面惊心动魄。

据报道，曾经有一艘海洋科学调查船发现远洋海面有一巨大动物跳跃而起，好像一座耸立于海中的宝塔，同时四周涌起巨大海浪，当调查船驶到该地点，找到一个巨大的头足类动物的头。这两"巨物"搏斗交战的结果，胜者多为抹香鲸，但在它身上往往留下累累的战后伤痕。抹香鲸还有追逐船舰的习性，小船遇到它，常被它撞坏，使船不能继续航行。

抹香鲸常需大量捕食鱼类，胃容量达300千克以上，对渔业有一定的危害。1977年3月，我国在胶州湾内捕获的搁浅在沙滩上的抹香鲸，从胃中剖出很多贻贝和附近养殖场用于养殖贻贝的网绳等物，推测是它饥不择食而闯到海边的。

### 四、独特的生殖和哺乳

抹香鲸与其他鲸类一样，在水中分娩，这是鲸类独特的生殖方式，在海洋哺乳动物中是罕见的。因为鲸类在漫长的演化过程中已完全适应海水生活，当母鲸分娩的时候，把尾巴高高地翘起在水面上，幼鲸尾部先从母亲的子宫出来，在幼鲸未降生之前，就顺利地进行了一次吸气，使幼鲸两肺充满了空气，因此不会有窒息而死的危险。这个有趣的生殖方式说明了生物体对环境的适应是多么巧妙而合理。

新生的幼鲸个体大小十分惊人，长达母体的1/3。鲸的哺乳非常有趣。鲸类只有一对乳房，位于生殖孔的两侧，哺乳在水中进行，母鲸侧卧在水上，露出乳头，幼鲸用舌头紧紧地卷住它，这时母体靠收缩力将储存的乳汁逼射出来，乳汁浓似炼乳，营养价值高，沿着卷成管状的舌而流入幼鲸的食道。这种哺乳方式使哺乳期极大缩短，一般为半年，幼鲸体长就可增加一倍多了。鲸类的独特哺乳器官和哺乳方法是长期演变的结果。

## 五、抹香鲸的经济价值

抹香鲸具有较高的经济价值，从它们身上可获得三件"宝"，即体油、脑油和龙涎香。抹香鲸油脂厚达35厘米，含油量高，提取的体油具有耐热性强和呈液状的优点，比其他鲸类的体油都好。脑油是贮藏在其头骨腔内的油，无色透明液状，在空气中凝结成白色软脂，将脑油压榨可得到白色无嗅的结晶物——鲸脂。龙涎香是抹香鲸大肠末端或直肠始端的灰色或微黑色分泌物，刚从体内取出时，有难闻的腥臭味，干后呈琥珀色。龙涎香本身无多大香味，但燃烧时香气四溢，胜过麝香，熏过之物久留芳香。龙涎香是制造名贵香料的原料。

抹香鲸的肉可鲜食，也可制成罐头。鲸皮的组织细密，纵横都很坚韧，所以用抹香鲸皮制的皮革质量优良，不亚于陆栖的兽皮。

从17世纪开始，抹香鲸成为主要的被捕猎对象，目前仍为世界各国捕鲸业所重视。

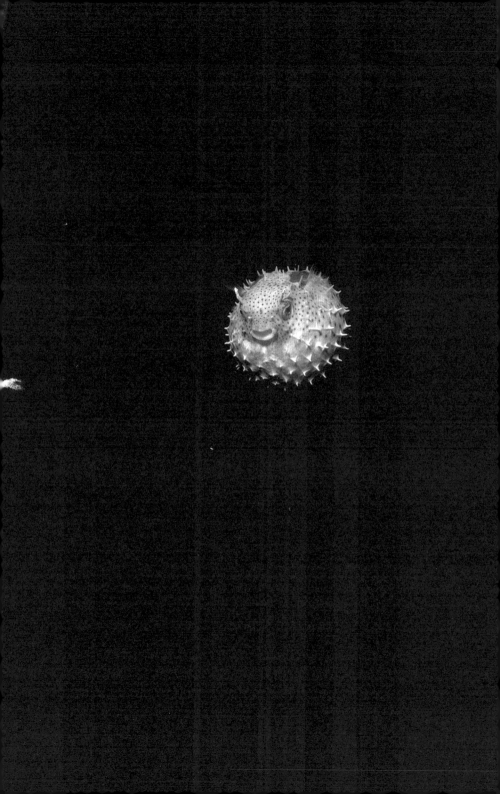